Anonymous

Mistische Nächte oder der Schlüssel zu den Geheimnissen des Wunderbaren

Ein Nachtrag zu den Aufschlüssen zur Magie

Anonymous

Mistische Nächte oder der Schlüssel zu den Geheimnissen des Wunderbaren
Ein Nachtrag zu den Aufschlüssen zur Magie

ISBN/EAN: 9783744701143

Hergestellt in Europa, USA, Kanada, Australien, Japan

Cover: Foto ©berggeist007 / pixelio.de

Weitere Bücher finden Sie auf **www.hansebooks.com**

Mistische Nächte

ober

der Schlüssel zu den Geheimnissen des Wunderbaren.

Ein

Nachtrag zu den Aufschlüssen über Magie.

Von

dem Hofrath von Eckartshausen.

El bar Oliva Imperilled: uno à dextris et uno à sinistris ejus etc.

München, bey Joseph Lentner 1791.

Es giebt nur Einen Weg zur Wahrheit, und dieser besteht in der Anschaulichkeit der Dinge. Man kann hierüber nichts Neues sagen, weil Wahrheit das Aelteste ist, was existiret. Die Menschen auf den Weg der Wahrheit führen, heißt ihnen nichts Neues sagen, sondern ihnen nur das entdecken, was sie selbst sehen könnten, wenn ihre Sinnlichkeit sie nicht blind machte.

Erklärung des Titelkupfers.

Der Mensch als Sklave der Sinnlichkeit, angekettet an die Welt, und eingekerkert inner dicken Mauern von Vorurtheil und Irrthum, schmachtet nach Glück und Kenntnissen; seitwärts stehen die Sinnlichkeit und der Genius des Bösen, die ihm das Schattenbild des Glücks durch eine Zauberlaterne an der Wand zeigen Vergebens strebt er nach selbem von oben herab reicht die Religion dem Geblendeten ihren Arm; allein er richtet seine Blicke nicht aufwärts, und sieht nicht, daß Licht, Erkenntniß und Glück von oben herab kommen.

Erste Nacht.

Es geht schon gegen Mitternacht, mein Bruder! und wir unterhalten uns stundenlang über Wunderdinge der Natur, die so vielen Menschen ein Räthsel sind. Ich bemerke einen außerordentlichen Hang in Ihnen zu höhern Wissenschaften, und Kenntnissen verborgner Dinge der Natur. Sie arbeiten und streben, sammeln und prüfen, und wenn Sie es mir aufrichtig gestehen wollen, so wissen Sie doch

A   nicht,

nicht, woran Sie sind. Alles, was Sie sich sagen können, ist; es giebt vieles, das wir wissen, aber noch mehr, das wir nicht wissen. Ihr Forschgeist führt Sie von einem Gedanken auf den andern, ein Funke lodert in Ihnen auf und verlöscht wieder; Sie träumen, ahnden, wähnen. Sie sehen ein weites, unerschöpfliches Meer vor sich, Sie finden eine Menge Menschen und Bücher; Sie sprechen hören, lesen, und immer wird ihre Neugier mehr gereizt, und immer finden Sie weniger Befriedigung. Sie sehen das Land der Geheimnisse gleich einer entfernten Insel an, und Sie wünschen sich an ihre Ufer zu schiffen; aber ich bitte Sie, mein Freund! vertrauen Sie sich nicht jedem Nachen, auch nicht jedem Schiffer; die Reise ist weiter und beschwerlicher, als Sie sich vielleicht einbilden. Mit Unerfahrnen können Sie jahrlang herumschiffen, ohne daß Sie je Hofnung haben ans Land zu kommen; auch können Sie auf Sandbänken sitzen bleiben, oder manchmal gar an Küsten geworfen werden, wo Lüge und Betrug thront, und Sie ihr Verderben finden werden.

Ich bin überzeugt, daß Sie ein gutes Herz haben, und daß Ihnen die Menschheit lieb ist. Ich mißbillige daher ihre Wißbegierde nicht, nur bitte ich Sie, selbe durch die Vernunft leiten zu lassen. Vertrauen Sie sich nicht jedem, dessen Karakter Sie

nicht

nicht kennen; wer sich nicht bestrebt, sittlich gut zu seyn, wer nicht Seelenwahrheit kennt, der kann Sie zum Wahren nicht leiten.

Ich wünschte auch wohl, mein Bruder, daß Sie sich einen Zweck festsetzen möchten, warum Sie so vieles zu wissen verlangen. Wenn es nur ist, um zu wissen, um sich sagen zu können, ich besitze diese oder jene Seltenheit, o so lassen Sie den Gedanken fahren; Sie werden nie Vorschritte in höhern Dingen machen, ihre Neugierde wird immer unersättlicher und immer weniger befriedigt werden; Sie werden dem Tantalus gleich seyn, der die Früchte immer vor sich sieht, und die seinen Händen entwischen, wenn er sie zu erhaschen glaubt. Ihre Quaal wird seyn, wie die Quaal der Danaiden; Sie werden in boden= losen Gefässen aus der Quelle der Weisheit schöpfen. Ihr Endzweck muß seyn, mein Bruder, dem hohen Endzwecke der Menschenbestimmung näher zu kommen: wenn dieser Zweck bey ihrem Forschen nicht in ihrer Seele liegt, so seyn Sie versichert, Sie werden ahn= den, wähnen, träumen, Schattenbildern nachjagen, und nichts Wahrhaftes finden. Wenn aber ihr Wille rein ist, ihr Endzweck edel, so verzagen Sie nicht; Sie können zur höchsten Wissenschaft menschlicher Din= ge kommen. Alles das Seltne, das Wunderbare, das dort und da in Büchern angezeigt ist, worauf

uns

uns manchmal ein Phänomen der Natur führt, sind
nur Winke, hingestreute Reize, um den Menschen
aufmerksam zu machen, daß höhere Wahrheiten im
Schoose der Natur noch verborgen liegen.

Es giebt wirklich einige Bruchstücke, die der
Weise aus dem Baue der Schöpfung hinwarf; die
der Alltagsmensch anstaunt und bewundert, ohne zu
wissen, wohin sie passen; allein vergebens bestrebt
sich der Mensch die Fugen zu kennen, woraus diese
Bruchstücke gerissen sind, wenn er nicht den Zusammenhang des Ganzen übersieht: und diesen zu übersehen, lehrt die irdische Philosophie allein nicht.

Allein, mein Freund! alles hat seine Absicht
nach der weisen Einrichtung des Schöpfers. Auch
diese Bruchstücke, die dem Wanderer im Wege liegen, haben ihre Absicht; sie sind da, um ihn aufmerksam zu machen, daß es noch ein Gebäude giebt,
das der Wanderer finden kann, wenn er müde seines
Lebens durch das Thal des Todes geleitet ist.

Es ist nur eine Lehre, mein Bruder! und aus
dieser allein erklären sich alle Geheimnisse der Natur;
allein die gewöhnlichen Zeitphilosophen kennen diese
Lehre nicht; sie ist für sie wie der Stein, den die
Bauleute verworfen haben: aber, mein Bruder! Sie

Ihn-

können auch in höhern Wissenschaften keine Fortschritte machen, wenn Sie nur wissen und nicht handeln wollen. Das Leben des Geistes ist Thätigkeit; die Flamme muß lodern, die leuchten will; todt ist das Feuer, das unter der Asche glimmt.

Wenn man Ihnen ein Buch giebt, und Ihnen sagt, es enthalte grosse Wahrheiten, so müssen Sie das Buch aufmachen, lesen und handeln.

Wenn Sie ein Künstler werden wollen, so müssen Sie sich unterrichten lassen, und dann Hand ans Werk legen, sonst bleiben Sie nur ein Stümper.

Wenn Ihnen aber wirklich daran gelegen ist, näher in das Innere der Natur zu sehen, und die grossen Geheimnisse zu entdecken, die im Heiligthume der Schöpfung liegen; so folgen Sie mir, ich will Sie auf einen Weg führen, auf dem Sie zu den verborgensten Geheimnissen der Natur gelangen sollen: allein Sie müssen unmittelbar meiner Leitung folgen.

Bedenken Sie sich aber noch wohl, mein Bruder! und erwähnen Sie bey sich selbst, ob Sie auf eine so seltne Reise mich zum Geleitsmann wählen wollen. Trauen Sie mir zu, daß ich den Weg wissen könne, und die Gegenden kenne, die Sie berei-

sen

sen wollen? Und sind Sie von meiner Denkart ver=
sichert, daß ich Sie nicht auf Irrwege führen werde?

Wenn Sie über den Punkt mit sich einig sind;
wenn Sie ihr Herz, und ihre Freundschaft, die Sie
für mich haben, über diese Fragen beruhigt', so rei=
chen Sie mir ihre Hand, und ich schwör' es Ihnen
bey dem Wesen zu, das die Herzen der Menschen
kennt, ich werde Sie nicht irre führen.

Sind Sie also noch entschlossen, mein Bruder!
so versichern Sie mir entgegen auch die heiligste
Freundschaft, wie ich Ihnen die meinige versichere;
versprechen Sie mir Behutsamkeit, Thätigkeit, Fleiß,
Tugend und Beharrlichkeit; und finden Sie sich zu
schwach, mir diese Zusicherungen zu halten, so be=
gehren Sie von mir keinen weitern Unterricht; ich
werde doch ewig Ihr Freund bleiben, und Ihnen so=
viel Licht mittheilen als Sie fassen können; ich wer=
de Sie lieber selbst bitten, den ersten Schritt nicht
zu wagen, und lieber in der Dämmerung zu bleiben.
Sie sind glücklicher, wenn Sie das Licht nie sahen,
als wenn Sie von dem Lichte zur Finsterniß kehren
sollten. Entheiligung ist das Schrecklichste in der Na=
tur; Sie können nichts entheiligen, was Sie nicht
wissen; ich wiederhole es Ihnen, Entheiligung ist
das Schrecklichste in der Natur. Eben darum ist in

Din=

Dingen auch von höchster Wahrheit und Heiligkeit,
Behutsamkeit nothwendig, nicht wegen der Sache,
mein Freund! sondern wegen der Entheiligung.

Ich bitte Sie also nochmal, mein lieber Bruder! sich wohl zu bedenken, ob Sie Stärke der Seele genug besitzen, um der Tugend treu zu seyn; Wissen schadet oft mehr als Nichtwissen, wenn das Wissen mißbraucht wird.

Der Weg ist anfangs rauh, aber Lohn der
Weisheit lohnt den Unermüdeten; unser Wandeln
geht aufwärts zu dem Gott der Lichter; jeder Schritt
ist Annäherung, jede Stufe lohnt uns mit neuem
Lichte und neuer Kraft; genug gesagt! Schlafen Sie
wohl! wenn Sie Lust haben diesen Weg zu wandeln,
so sehen wir uns morgen gegen Mitternacht wieder.

           Zauen

Zweyte Nacht.

Sie sind also entschlossen, lieber Bruder! den Weg
zu gehen, den ich Ihnen weisen werde; sie suchen
Wahrheit und Weisheit. Glauben Sie mir, daß es
nur einen Weg gebe, diese zu finden. Alle Weisen
des Alterthums, alle Eingeweihte in die wahren
und höhern Misterien ahndeten diesen Weg, aber nur
wenige beharrten auf demselben, und kamen zu dem
großen Endzwecke der Menschenbestimmung; — es ist
der Weg der Auserwählten, der Weg der Propheten und der Heiligen.

Suche Wahrheit und Weisheit in Gott! — Dieses ist der erste Grundsatz, lieber Bruder! den Sie
ihrem Herzen ganz eigen machen müssen, denn von
ihm allein, dem Schöpfer aller Wesen, der Wahrheit
und Weisheit ist, kömmt alles, was wahr und weise ist.

Ehvor ich Sie weiter führe, lieber Bruder!
muß ich Ihnen den Weg weisen, worauf Sie selbst
gehen können, und worauf Sie Gott, wenn Sie selben angetreten haben, selbst leiten wird. Es wäre
hier unnütz mit Ihnen über höhere Geheimnisse zu
                                                  spre-

sprechen, die in dem Schooße der wahren Weisheit liegen, und die der Antheil der Wenigen sind, die sich ihrer Mittheilung würdig gemacht haben. Sie würden auch itzt diese Geheimnisse nicht verstehen, mein Bruder! es ist eine sonderbare Sprache um die Sprache der Anschaulichkeit; sie ist für die meisten Menschen verloren gegangen, und Sie kennen weder die originellen Buchstaben, noch die Progressionen der Einheit und ihre Wirkungen mehr; gehen Sie also langsam den Weg, den ich Ihnen weisen werde, und treten Sie ihn nicht aus Neugier an, sondern mit aufrichtigem Herzen, und mit der Begierde, Unter= weisung zu erlangen, und seyn Sie versichert, daß Sie durch Wollen und Standhaftigkeit ihren Zweck erreichen werden.

Wenn Sie sich in der Welt herum sehen, lieber Bruder, so werden Sie entdecken, daß alles unbe= friedigend ist; es wäre überflüßig, Ihnen hierüber eine lange Abhandlung zu machen. Dieser Satz wird bestätigt durch alle Weisen des Alterthums, und durch die Erfahrungen jeder Menschen. Der weiseste der Könige sprach selbst: Alles ist Eitelkeit, außer Gott lieben, und ihm dienen.

Sie sehen, mein Bruder! daß alle Vergnügen, die die Welt und Sinnlichkeit uns darreichen, uns

nicht

nicht erſättigen. Unſer Herz, (wenn ich mich dieſes
Beyſpiels bedienen darf) das einem Dreyecke ähnlich
iſt, füllt die Welt als ein Zirkel nicht aus. Es blei=
ben immer Lücken übrig, die nur das göttliche Drey
Gottheit allein ausfüllen kann. Zeit und Sinnlich=
keit ſind der Veränderung unterworfen, und können
daher weder Beſtändigkeit noch Dauer haben. Wie
es in allen Dingen geſchieht, ſo geſchieht es auch
mit der Wiſſenſchaft und der Weisheit der Menſchen;
ſie befriedigen uns nie ganz; es bleiben uns immer
eine Menge Fragen übrig, die die Gelehrten der Welt
uns nicht auflöſen können; es giebt Dinge, denen
man den hiſtoriſchen Glauben nicht abſprechen kann,
und die wir doch durch unſere Phiſik nicht erklären
können. Wunderdinge, Mirakel, ſeltne Begebenhei=
ten, Glaubensgeheimniſſe — ewige Räthſel für un=
ſere Philoſophen, die aus eignem Lichte Dinge nicht
erklären können, die einer höhern Erleuchtung bedärfen.

Die Gelehrten unſrer Welt fühlen dieſes ihr Un=
vermögen nur zu ſehr; ihre Streitſchriften, ihre ſon=
derlichen Meinungen ſind hievon ein Beweis; ſie
verwarfen daher Dinge, die ſie nicht begreifen und
erklären konnten, entweder als Täuſchungen der Ein=
bildung, oder als Geburten der Schwärmerey und
des Betrugs: allein der Wahrheitliebende, der ohne
Leidenſchaft unterſucht, fand in allen ihren Widerle=

gun=

gungen und Scheingründen oft doch nichts überzeu-
gendes, und schwebt daher immer zwischen Glauben
und Zweifel.

Es giebt nun eine Wissenschaft, mein Bruder!
die alle Zweifel der Philosophen auflöst; denn jeder
Zweifel ist Mangel an Erkenntniß und Anschaulichkeit:
allein diese Wissenschaft findet man nicht in den Schulen der Welt; sie ist der Antheil derjenigen, die auf
Gottes Wegen wandeln, und höhere Erleuchtung von
dem Ausspender des Lichts der Weisheit in der Demuth ihres Geistes erwarten.

Ich kann Ihnen, lieber Bruder! von der Hoheit dieser Wissenschaft keine Begriffe geben; ich fin-
de keine Worte, mich würdig auszudrücken; sie ist
die Weisheit Gottes, von welcher die Schrift sagt:

„Sie giebt die Erkenntniß aller erschaffenen Dinge, damit wir wissen, wie der Umkreis der Erde ge-
ordnet ist, und was die Elemente für eine Kraft haben.

Wie auch den Anfang, das Ende, und das Mittel der Zeit sammt den vielfältigen Abwechslungen
und Veränderungen; dazu den Umlauf des Jahrs
und die Ordnungen der Sterne.

Die

Die Natur der Thiere, den Zorn des Viehes, die Gedanken der Menschen, den Unterschied der Pflanzen, und die Kraft der Wurzeln.

Ja alles, was verborgen und unbekannt ist, hat sie gelehrt, denn die Weisheit ist eine Werkmeisterinn aller Dinge.

Sie ist einig; vermag alles; sie bleibt in ihr selbst, erneuert alle Dinge, und unter den Völkern begiebt sie sich in die heiligen Seelen, macht Freunde Gottes und Propheten.

Sie versteht die listigen Reden, und kann die schweresten Fragen auflösen; sie erkennt die Wunderzeichen, ehe sie geschehen, und was nach Verlauf der Zeiten und Jahre sich zutragen wird.

Sie eröfnet den Mund der Stummen, und macht die Zungen der Kinder beredt.,, Sieh Bücher der Weisheit.

Dieses Zeugniß, mein Bruder! steht selbst in dem heiligen Buche enthalten, das wir als göttlich annehmen, und das auch wirklich göttlich ist, wovon Sie mit der Zeit so klar überzeugt werden sollen, als die Sonne am Tage scheint. Was kann ich Ihnen
also

also hierüber mehr sagen? Sie werden nun wohl begreifen, warum Schakespeare sagt: Es giebt Dinge
in der Natur, von denen sich unsere Philosophie
nichts träumen läßt. Wirklich, lieber Bruder! unsere Philosophie läßt sich von allem diesem nichts
träumen, obwohl alle diese Dinge so nahe bey und
um uns sind, daß wir sie leicht finden könnten, wie
die Schrift sagt:

„Die Weisheit geht herum, und suchet die, die
ihrer werth sind, und zeigt sich ihnen auf ihren Wegen ganz fröhlich, und kömmt ihnen mit aller Vor-
sichtigkeit entgegen.

Wer morgen frühe auf sie wacht, wird sie ohne
Mühe haben, denn er wird sie vor seiner Thüre
sitzend finden.

Sie wird von ihren Liebhabern leicht gesehen,
und wird von denen gefunden, welche dieselbe suchen."
Buch der Weisheit.

Warum aber, mein lieber Bruder, so wenig
Menschen diese Weisheit finden, ist wieder in dem
Buche der Weisheit selbst enthalten; es heißt:

Der

„Der Anfang der Weisheit ist eine wahre Begierde Unterweisung zu haben; die Bergierde aber zur Weisheit ist die Liebe; die Liebe hingegen haltet ihre Gesetze, und die Haltung der Gesetze bringt Unsterblichkeit, und die Unsterblichkeit nähert den Menschen zu Gott." B. d. Weisheit.

Hierinn ist das ganze Sistem der Entfernung und Annäherung enthalten, worüber Sie sich selbst, mein lieber Bruder! einst aufklären werden.

Die höchste Wissenschaft menschlicher Dinge besteht in der Kenntniß des Zusammenhangs des Intellektuellen sowohl als des Körperlichen; in der Uebersicht aller Fähigkeiten, Kräfte und Wirkungen.

Die Philosophen der Zeit haben hievon wenige Begriffe; daher ihre schwankenden Sisteme, und die Irrthümer der Wissenschaften; daher die Menge der verschiedenen Sekten, die Herabwürdigung des menschlichen Verstandes bis zum Materialismus und Atheismus.

Es giebt eine Wissenschaft, mein Bruder! die alle Wolken der Irrthümer zerstäubt, die die Nebel der Finsternisse durchleuchtet, und dem Menschen jedes Glied der Kette des Ganzen im reinsten Lichte zeigt. Durch

Durch diese Wiſſenſchaft, mein Bruder! werden
Ihnen die Hierogliphen des Alterthums erklärt wer=
den ; Sie werden in das Innere der Natur ſehen,
ihre geheimſten Werkſtätte belauſchen, und mit tiefer
Anbethung die Größe der Gottheit erkennen.

Sie werden einſehen, was die alten Weltweiſen
ahndeten und wähnten. Die Miſterien der Schulen
des Alterthums werden Ihnen bis auf dieſe Zeiten
enthüllt, Sie werden deutliche Begriffe von allen
Irrthümern, von allen Religionen und geheimen Leh=
ren empfangen; Sie werden das Daſeyn Gottes, das
Siſtem der Schöpfuug, ſeine Güte und Weisheit in
einem Lichte ſehen, das den Cherub zur Anbethung
hinreißt. Die Unſterblichkeit der Seele, der Sturz
der Engel, der Fall des erſten Menſchen, die Ver=
führung der alten Schlange, die Würde des erſten
Erſchaffnen, die verbotene Frucht, der Baum der
Wiſſenſchaft des Guten und des Böſen, der Baum
des Lebens, die Vertreibung des Menſchen aus dem
Paradieſe, das große Geheimniß der Erlöſung wird
Ihnen von einer Seite gezeigt werden, die Salbung
für ihre Seele ſeyn wird. Sie werden die Göttlich=
keit des Menſchenerlöſers begreifen lernen, die Ein=
ſetzung der heil. Taufe, die Wunderkräfte der Sakra=
mente; Sie werden lernen, warum Chriſtus ſich 40
Tage der menſchlichen Geſellſchaft in der Wüſte ent=

zog; Sie werden die Wahrheit und Weisheit seiner
Lehre, seine Wunderthaten, seine Verklärung und
Auferstehung, sein Herumwandeln nach der Auferste-
hung, seine Himmelfahrt und die Sendung des heil.
Geistes in feurigen Zungen von einer Seite sehen,
die Ihnen die tiefste Ehrfurcht erwecken, und ihre
Seele zur Anbethung des Allvaters führen wird.

Sie werden nicht mehr zweifeln an den Wunder-
kräften der Heiligen, an ihrer Stärke und ihren Wirkungen, und Sie werden sehen, wie die reinste und
höchste Philosophie sich mit dem reinsten und höchsten
Glauben vereint.

Sie werden überzeugt werden, welche außerordentliche Kraft noch wirklich im Menschen liegt;
was seine Bestimmung ist, und zu welcher Höhe von
Würde er sich durch die Mitwirkung der göttlichen
Gnade schwingen kann; wie er sich dem Lichte aller
Lichter nähert, und die reinsten Stralen nach einem
Spiegel von dem Urlichte empfängt, um auf andere
wieder zu leuchten und zu wirken. Sie werden sich
klar überzeugen können, was die Propheten des Alterthums waren, worinn Daniels Geist und Elias
Wunderkraft bestund; mit einem Worte, Sie werden
mit Dingen bekannt werden, von welchen sich unsere
Philosophie nichts träumen läßt.

Zu

24. In dieser großen Wissenschaft will ich Ihnen, mein Bruder! den Weg zeigen, denn es steht geschrieben:

„Was aber die Weisheit sey, und woher sie entsprungen, das will ich erzählen, und will hievon die Geheimnisse Gottes nicht verbergen, sondern ich will ihr auf ihren ersten Ursprung nachforschen, und will die Erkenntniß an das Licht bringen, und die Wahrheit nicht verschweigen." B. d. Weisheit.

Allein, mein Bruder! Sie müssen Geduld haben, und meiner Leitung stuffenweis folgen. Sie können sich dem Lichte nicht auf einmal nahen, es würde Sie blenden, und bis Sie nach und nach die gröbern Schuppen von ihren Augen abgelegt haben, können Sie diese Sonne nicht ansehen. Ihr heiteres Licht würde für Sie verzehrendes Feuer seyn; den Anblick Mosis konnte das Volk nicht vertragen, als er den Sinai verließ; er mußte sein Antlitz bedecken, und die Gottheit sagte nicht vergebens zu Moses: Zieh deine Schuhe aus; heilig ist diese Stätte; als Gott ihm im brennenden Dornbusche erschien.

Für Sie, mein lieber Bruder, darf ich mich dieser Ausdrücke bedienen, denn ich weiß, daß Ihnen die Schrift heilig ist: wenn Ihnen aber die Schrift auch nicht heilig wäre, wenn Sie bloß nur aufrichtig

gen Willen hätten, Wahrheit und Weisheit
zu finden, so will ich Ihnen einen Pfad zeigen,
auf dem Sie stuffenweise zu höchster Weisheit steigen
können; und diese Weisheit ruht im Schoose der Religion. Anbung soll Sie zum Glauben, und der
Glaube zur Ueberzeugung bringen.

Vor allen, mein lieber Bruder! müssen Sie sich
angewöhnen nichts zu verwerfen, wovon Sie nicht
die deutlichste Ueberzeugung für sich haben.

Viele Sachen scheinen uns oft unmöglich; allein
nur relativ unmöglich nach unsern dermaligen Kenntnissen; derjenige, der etwas als unmöglich verwerfen
will, muß alles Mögliche kennen, und wo ist der
Mensch?

Diese Bescheidenheit, mein lieber Bruder! wird
Sie nie vom Nachdenken entfernen; Sie werden Dinge, die Sie auch nicht begreifen, doch ihres Nachdenkens würdigen, und dadurch werden Sie manchmal auf Entdeckungen kommen, die ein anderer
Mensch, der alles gleich verwirft, nie machen wird.

Der Anfänger in der Schule der Weisheit, mein
Bruder! kann nur anfangen durch den Glauben
weise

weise zu werden. [⸻] Satz scheint Ihnen vielleicht auffallend; [⸻] mich hierüber erklären.

Unsere Zeit[⸻] verwerfen fast allen Glauben; der Ver[⸻], sagen sie, der Einfältige glaubt, und sie [⸻] doch nicht, daß es in der Natur des Men[⸻] liegt, daß [⸻] wissen kann, ohne zuvor [⸻] glauben.

Der Glaub[⸻] Bruder! führt erst zum Wissen. Werfen Sie einen Blick [⸻] Kindheit zurück. Wodurch erhielten wir [⸻] natürliches Wissen anders als [⸻] Glauben? Das Kind fragt: Vater, was ist das für eine Pflanze? und der Vater antwortet: [⸻] ist eine Giftpflanze; iß nicht davon, du würdest sterben. Das Kind glaubt, und rettet sich vom Tode; es glaubt nicht, und ißt und stirbt. In diesem ganz einfältigen Gleichniße liegt die große Wahrheit, daß Glauben in der Kindheit des Verstandes liege, und der Grund zum Glauben in dem Wissen desjenigen, der weitere Vorschritte gemacht hat. So z. B. kann ich nicht einmal eine Sprache lernen, ohne ehevor zu glauben. Mein Sprachmeister sagt mir, dieser Charakter ist A; dieser B; dieses Wort heißt: Thier; dieses Baum etc. Wenn ich nun sagte: Ich glaube es nicht, ich muß es bewiesen haben, so wird der Sprachmeister sagen: Sie kön-

können keine Beweise ~~—~~ Sie die Sprache
vollständig verstehen; ~~—~~ Sie es selbst
einsehen; alle diejenigen, die diese Sprache reden,
wissen es, ~~würden es —~~ wissen, wenn
sie ~~—~~ den andern, ~~—~~ sie diese Sprache
gelernt haben, ~~—~~. So, lieber Bruder ~~— — allen Dingen.~~ Der menschliche
Verstand ist ~~—~~ einer ~~—~~ Aufklärung fähig,
und sein Wissen fängt an mit Glauben; daher ist es
~~—~~ wenn unsere ~~—~~ über Dinge
~~—~~ kein Wissen haben,
und eben ~~—~~ weil ~~—~~ Wissen haben, nicht
glauben wollen ~~—~~ Unsinn; es ist eben
so viel, als ~~wenn —~~ Jungen sich über den Unterricht ihres Sprachmeisters ~~— wollen,~~ und sagten:
Er sagt uns, dieser Charakter ~~—~~ wir glaubens aber
nicht, sondern dieser Charakter ist ~~—~~; oder es giebt
gar kein ~~—~~ Nun ~~— —~~ einmal, ob solche
Jungen je fähig sind, ~~—~~ erlernen. Die-
ses Bild ist das Bild ~~—~~ Halbgelehrten; sie haben von
vielen Dingen kein Wissen ~~—~~ wollen auch nicht
glauben, was ~~zum~~ Wissen führt.

Der Mensch, mein ~~—~~ der in der Welt wissen will, muß erst glauben ~~—~~ kann ihm ~~—~~
derlich scheinen, das er ~~—~~ ist im Zusammenhange
versteht. Was ist wunderbarer als das A B C einer
Sprache

Sprache zu lernen; die Zeitwörter, Haupt- und Bey-
wörter, die Abänderungen und Abwandlungen? Ehevor
man der Sprache kundig ist, sieht man auch ihre Nothwendigkeit, ihren Zusammenhang nicht ein, und doch
ist zum Wissen der Sprache der Glaube des ersten Unterrichts nothwendig.

Wenn Sie sich also fest überzeugt haben, lieber
Bruder! daß dem Menschen als einem beschränkten Geschöpfe, das nur stuffenweise zu seiner Bildung und
Erkenntniß fortschreitet, das Glauben nothwendig ist,
damit er wissen könne, so überdenken Sie dann, was
das Glauben in bloß phisischen Dingen, und das Glauben in sittlichen oder moralischen sey.

Sie werden über Sittlichkeit und Moralität nicht
nachdenken können, ohne die Nothwendigkeit derselben
in der menschlichen Gesellschaft zu entdecken. Sie werden bald einsehen, daß die Erfüllung gewisser natür-
licher Verhältnisse nothwendig sey, ohne denen das
gesellschaftliche Leben nicht bestehen würde, und Sie
werden bald den Grund der Nothwendigkeit der natürlichen und bürgerlichen Tugenden entdecken, die in
der Fertigkeit bestehen, den Verhältnissen, die in der
Wesenheit der Gesellschaft liegen, gemäß zu handeln.

Nach-

Nachdem Sie die Natur, der Herold der Gottheit, zur Ueberzeugung des Daseyns Gottes geführt
hat, so werden Sie auch bald nothwendige Verhältniße
ahnden, die zwischen einem Wesen, das man Gott
nennt, und einem vernunftfähigen Geschöpfe vorhanden
seyn müssen. Die Erkenntniß dieser Verhältnisse führt
Sie zur Erkenntniß der Nothwendigkeit, daß innerliche
und äußerliche Handlungen vernünftiger Geschöpfe diesen Verhältnissen gemäß eingerichtet werden müssen,
und so wird sie die Vernunft unvermerkt auf die Nothwendigkeit des Gottesdienstes und der Religion führen.

Wenn alles dieses, mein Bruder! ihre Vernunft
auch nur im Dunkeln wähnt, so wird Ihnen Ihr Herz
die im Dunkeln geahndete Wahrheit doch um so deutlicher vorstellen, als sie im Universo keinen Standpunkt
wahrer Ruhe und Glückseligkeit werden festsetzen können, außer in Gott und in den Wahrheiten der Offenbarung, zu der Sie in stiller Betrachtung das Bedürfniß Ihres Herzens zurückführen wird.

Die Wichtigkeit der Religion und ihre Wirkung
auf eignes und allgemeines Menschenwohl wird Ihrem
Forschgeiste bald Regeln vorschreiben, nach welchen alle Zweifel und Einwürfe beurtheilt werden können, mit
welchen die Feinde der Offenbarung die heiligste der
Religionen bestürmen.

Sie

Sie werden bald einsehen, mein lieber Bruder! daß alle Freygeister und erklärte Feinde der Offenbarung von Julian dem Abtrünnigen, bis zum Voltaire die Säulen des Heiligthums nicht erschüttert haben; ohne sich in lange Widerlegungen einzulassen, so fragen Sie sich, um sich zu beruhigen:

1. Hat die Religion und Offenbarung nicht die besten Einflüsse auf Menschenglückseligkeit?

2. Haben die, die wider Religion und Offenbarung geschrieben haben, bessere Mittel der Glückseligkeitslehre angebracht?

3. Hat Wahrheitsliebe oder Sinnlichkeit und Leidenschaft die Feder derjenigen geleitet, die die Offenbarung angegriffen haben?

4. Haben die Feinde der Offenbarung wohl schon bewiesen, daß die keinen Glauben verdienen, die der Welt die grossen Wahrheiten der Religion verkündigten?

5. Haben sie uns wirklich schon überführt, daß es der Offenbarung, die sich auf einen göttlichen Ursprung beruft, an wirklich göttlicher Bestätigung fehlte?

6. Haben sie schon gezeigt, daß die Lehren unmöglich von Gott entsprungen seyn können?

7. Oder haben sie die Unnützlichkeit schon dargethan, oder die Schädlichkeit der Offenbarung bewiesen?

8. Haben sie in Sachen, die sie lächerlich gemacht, wirklich das Wesen der Religion angegriffen, oder Au-

ßensenseiten, oder Dinge, die gar nicht zum Wesentlichen gehören?

Wenn Sie sich diese Fragen aufwerfen, mein lieber Bruder! so wird Ihnen kein Buch in der Welt, das wider die Religion geschrieben ist, genugthun können, Sie werden die Nichtigkeit der Gründe der Feinde der Offenbarung bald übersehen, und wenn nicht eigner böser Wille Sie von der Religion entfernet, so wird Sie gewiß nichts entfernen.

Was die Lehre der Glaubensgeheimnisse betrift, so ist diese die einzige, lieber Bruder! bey der ihr Verstand still stehen, und sich unterwerfen muß, bis Sie gleichwohl näher ins Heiligthum treten. Bey der morgigen Zusammenkunft aber, lieber Bruder! vernehmen Sie, wie der Wahrheitsuchende über die Misterien der Offenbarung denken soll, dem Gott den Vorhang noch nicht aufgezogen hat, der sein Heiligthum deckt.

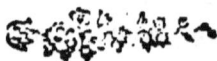

Dritte

Dritte Nacht.

Es giebt unftreitig in der Lehre von der Erlöfung
der Menfchen Tiefen, welche unfer Verftand bey
dem itzigen Umfange feiner Erkenntniffe nicht ergründen kann, und fie ift in diefer Abficht ein Licht,
welches mit feinem Glanze allzeit Augen verblenden
wird, welche daffelbe mit unverwendeten allzuküh-
nen Blicken anfchauen wollen. Allein fo unerforfch-
lich auch diefe Tiefen feyn mögen; fo kann doch der
Menfch keine Wahrheiten glauben, welche nützlicher
und heilfamer wären, als die, welche uns in diefer
Lehre verkündigt werden. Niemand wird auch einen
Anftoß daran nehmen, wenn er fich nicht verwöhnt
hat, auf dem Wege der Wahrheit ftille zu ftehen,
oder gar zum Irrthume über zu treten, fo bald fein
Verftand bey ihr nicht alle die Befriedigung findet,
die er wünfchen möchte. Es ift unvernünftig, in
allen unfern Erkentniffen eine gleich große Deutlichkeit zu verlangen; die meiften Menfchen verlangen
fie auch nicht, wenn nur dasjenige, was fie wiffen
und wiffen können, fo befchaffen ift, daß es ihnen
einen wirklichen Nutzen gewähren kann. Eben fo
follten fie fich auch bey dem, was die Religion Unbegreifliches hat, beruhigen.

Ich

Ich will es Ihnen, mein Bruder! nicht verschweigen, daß das Sistem der Religion von der
Erlösung Lehren enthält, die, von gewissen Seiten
betrachtet, ganz unbegreiflich und dunkel sind; auch
will ich Ihnen sagen, daß die Verächter des Christenthums ihren Unglauben durch diese Dunkelheit zu
rechtfertigen suchen, und Einwürfe darauf gründen,
die, nach ihrem Vorgeben, unwidersprechlich beweisen, daß die geoffenbarte Religion nicht den hohen
Ursprung habe, welcher derselben von ihren Lehrern
und Bekennern zugeeignet wird. So werden dem
Menschen die Geheimnisse des Evangeliums, wenn er
ihre Vernunftmäßigkeit frühzeitig und auf eine über-
zeugende Art einsehen lernt, nicht zum Anstoße gereichen, und die Einwürfe im voraus ihre Gefähr-
lichkeit verlieren. Denn gemeiniglich verlieren sie dieselbe, wenn es ihnen an dem Reize der Neuheit
fehlt; wenn man nicht unbereitet von ihnen überfal-
len wird; wenn es nicht das Ansehen hat, als er-
fahre man etwas, das uns in der ersten Jugend,
ich weis nicht, aus was für Absichten, verschwiegen
worden sey. Es kömmt mir dieses um so viel nöthiger vor, weil man oft die Gründe einer Wahrheit
einsieht, ohne die Art zu wissen, wie man einen
Gegner damit widerlegen müsse.

Es

Es kann in einer Lehre viel unbegreifliches seyn, ohne daß sie deßwegen aufhört, eine nothwendige und nützliche Wahrheit zu bleiben. Dieses ist ein Grundsatz, den man jungen Leuten beständig einschärfen soll. Die Natur hat ihre Geheimnisse sowohl, als die Religion; die scharfsinnigsten Geister verschwenden ihre Mühe vergebens, sie zu erklären. Sollten wir die Wirkungen des Magnets oder der elektrischen Kräfte läugnen, weil es noch keinem Naturkündigen gelungen ist, uns mit der Art und Weise, wie sie wirken, bekannt zu machen; zu geschweigen, daß vieles nur unbegreiflich ist, weil man noch nicht den Grad von Erkenntniß besitzt, der zur völligen Einsicht, als die Stufe, erfordert wird, auf welcher man dazu emporsteigen kann.

Es ist nöthig, nach Deutlichkeit und Gewißheit in seiner Erkenntniß zu streben, besonders in allen Fällen, wo wir handeln sollen, weil unsre Glückseligkeit mehr noch eine Folge von unsern Handlungen, als von unsrer Wissenschaft ist. Irrthümer, die in unsre Thaten wirken, sind die gefährlichsten; denn wie weit breiten sich nicht ihre Folgen aus? Hier ist es löblich und zugleich eine Pflicht, in der Untersuchung und Ueberlegung so weit zu gehen, als wir können, und uns nicht so leicht von einem schwachen Schimmer leiten zu lassen. Und doch kön=

können wir hier auch nicht allezeit so viel Deutlich=
keit und Gewißheit erhalten, als wir wünschen, und
der Weg, den wir gehen sollen, liegt im Dunkeln,
nur von einigen nicht sehr hellen Stralen erleuchtet.
Gleichwohl würde es sehr oft mehr als Thorhet seyn,
wenn wir diesem dämmernden Lichte nicht folgen woll=
ten. Der Mensch lebt hier im Stande der Prüfung,
und es gehört zur Prüfung, wenn von ihm verlangt
wird, auch den kleinsten Grad von Erkenntniß nütz=
lich und pflichtmäßig zu gebrauchen. Der Mensch
muß also nur untersuchen, ob die Geheimnisse der
Religion moralisch gut sind; wird er davon über=
zeugt: so muß er dieselben annehmen, wie unbegreif=
lich sie auch auf gewissen Seiten seyn mögen.

Ehe ich aber auf die moralische Güte der
Geheimnisse in der Religion komme, so will ich Ei=
theils mit dem Grunde ihrer Unbegreiflichkeit und
Dunkelheit, wie auch aller für uns daraus entsprin=
genden Schwirigkeiten, theils mit der Absicht ihrer
Entdeckung und Offenbarung bekannt machen.

Es giebt einen doppelten Grund von der Un=
begreiflichkeit gewisser Wahrheiten sowohl der natürli=
chen als der geoffenbarten Religion. Einer liegt in
Gott selbst; der andre in der Natur des menschlichen
Verstandes und seiner Art, von Gott zu denken.

Gott

Gott muß nothwendig ein geheimnißvolles Wesen seyn, weil wir ein unendliches Wesen in ihm anbeten. Er ist in allen seinen Eigenschaften und Handlungen der Höchste. Kein Mensch aber kann sich den höchsten Grad eines Dinges oder einer Eigenschaft mit vollkommner Deutlichkeit vorstellen. Könnte er dieses, so würde er aufhören, eingeschränkt zu seyn; er würde selbst unendlich werden. Es muß also Gott seinen Geschöpfen viel entdecken können, das ihnen nicht ganz begreiflich ist, vielleicht auch niemals ganz begreiflich wird. Es ist eben deswegen wahrscheinlich, daß, wenn es ihm gefällt, den Menschen eine besondre Offenbarung zu geben, Geheimnisse darinn seyn werden, die unsre Vorstellung übersteigen. Nothwendig ist es nicht, weil eine Offenbarung solcher Wahrheiten, die wir wohl durch Nachdenken entdecken könnten, doch sehr nützlich seyn kann, weil der Weg des Nachdenkens schwer ist, auch von allen Menschen nicht betreten wird. Allein es bleibt doch wahrscheinlich, und es folgt daraus, daß eine Offenbarung Gottes würdig sey, welche uns nützliche Geheimnisse bekannt macht. Sie stimmt mit der Hoheit und Größe seiner Natur überein, und wir sind derselben eben deßwegen mehr Ehrerbietung und selbst mehr Dankbarkeit schuldig, weil durch die Entdeckung solcher Wahrheiten, die mit einiger Unbegreiflichkeit verhüllt sind, immer die Gren-

zen unsrer Erkenntniß erweitert werden; denn auch
die Dämmerung ist besser, als eine völlige Finsterniß.

§. IV.

Ein anderer Grund ihrer Unbegreiflichkeit liegt
in der Natur des Menschen und seiner Vorstellung
von Gott, von seinen Eigenschaften und Handlungen.
Unsre Erkenntniß, die wir von ihm haben können,
ist keine unmittelbare, keine anschauende Erkenntniß,
und sie kann es in unserm itzigen Zustande nicht seyn,
wenn nicht unsre natürliche Fähigkeit bis auf einen
übernatürlichen Grad verändert und erweitert wird,
wie nach dem Zeugnisse der Offenbarung in einem
künftigen Leben geschehen soll. Alle Vorstellungen,
die wir von ihm haben, sind so beschaffen, daß sie
nicht unmittelbar dasjenige begreifen, was in Gott
ist, wie es ist. Wir erkennen von uns selbst und
andern Gegenständen, die uns durch ein unmittelbares
Anschauen und Bewußtseyn bekannt werden, gewisse
Eigenschaften und Wirkungen, die wir brauchen, gewisse Vollkommenheiten und Handlungen Gottes damit zu bezeichnen, die aber in Gott nicht eben das
sind, was sie bey uns sind; wir bezeichnen sie aber
damit, weil wirklich zwischen beiden eine wahre Aehnlichkeit statt findet. So bemerken wir Weisheit in
dem Menschen und Weisheit in Gott. Die Weisheit in Gott ist nicht das, was sie bey uns ist; wir
drücken aber dieselbe dadurch aus, weil in der ganzen

Natur

Natur nichts gefunden werden kann, das mit dieser
Eigenschaft der Gottheit mehr wirkliche Aehnlichkeit hat, als die Weisheit der Menschen. Die göttliche Weisheit bleibt uns eine unbegreifliche Eigenschaft, wenn wir auf die eigentliche Natur derselben sehen; wir haben doch aber immer einige Erkenntniß davon, und wir irren nicht, so lange wir von diesem Begriffe alles Menschliche und Un-
vollkommene absondern. Es lassen sich unterschiedne
Ursachen angeben, warum wir auf keinem andern Wege zu gründlichen und richtigen Vorstellungen von
Gott, von seinem Wesen, von seinen Eigenschaften
und Handlungen gelangen können, als auf dem Wege der Analogie. Unmittelbare Ideen haben wir
nur von Gegenständen, die wir entweder durch die
Sinne, oder durch eine innere Empfindung kennen
lernen. Die Eigenschaften und Wirkungen eines Wesens, das selbst ein Geist ist, müssen nothwendig von
einer andern Art seyn, als die Beschaffenheiten und
Thätigkeiten eines Wesens, das Geist und Leib zugleich
ist. Uebrigens ist es eine gewisse Wahrheit, daß die
Vorzüge Gottes nicht allein dem Grade, sondern
auch dem Wesen nach von den unsrigen verschieden
sind. Wir können sie also bloß durch die Hilfe der
Aehnlichkeit erkennen, die sie mit den unsrigen haben. Alles dieses soll man dem Menschen begreiflich
zu machen suchen, und wenn er sich dessen unbewußt

b. ei-

bleibt ... Eigenschaften leicht ...
g... der Re...
g... streiten ... zu wer...
b... ist...
... mag
... warum
es ... iste oder ...
... eenha...
... das ver...
la... eStand
... zu ... reyen
s... esen
... die
... rlassen
... la... ten
... g...
... 2... daß ...
sie ... auben,
dieses ... nicht
... daß die ... für.,
... Augen... solchem
... en wie.
unse ... ir. aber
Lehren, ... lt und:
Chenist... f der
Cla... den... barum
nicht

nicht zweifeln, weil sie sich auf ein göttliches Zeug=
niß gründen. Eben darinn besteht die Unterwerfung
des Verstandes, die wir Gott so sehr schuldig sind,
als die Unterwerfung unsers Willens.

Nichts ist billiger, als eine solche Unterwerfung,
und um so viel billiger, je moralischer die Geheim=
nisse des Evangeliums in ihren Folgen und Wirkungen
sind, wenn wir sie nicht durch einen boshaften Wi=
derstand verhindern. Hierbey will ich mich in der Un=
terweisung an Sie, mein Bruder! zu seiner Zeit am
weitläufigsten aufhalten. Ich will Sie zu überführen
suchen, daß alle noch so unbegreiflichen Lehren des Glau=
bens uns entweder besser, oder glückseliger machen sol=
len. Man findet in denselben die erhabensten und stärk=
sten Beweggründe und Aufmunterungen zur Erfül=
lung unserer Pflichten. Wer kann sich weigern, die
feurigste Dankbarkeit und Liebe gegen Gott zu empfin=
den, wenn er erwägt, wie beschäftigt die Gottheit zu
unserm Heile von Ewigkeit her gewesen ist? Oder wer
wird sich nicht bestreben, der wahren und ursprüngli=
chen Bestimmung unsrer Natur gemäß zu handeln, wenn
er überlegt, zu welch einer Würde sie dadurch erhoben
worden ist, daß sie der Sohn Gottes mit seiner un=
endlich höhern Natur vereinigt hat? Oder wessen Herz
wird nicht durch die Betrachtung solcher Lehren mit
überschwenglicher Freude erfüllet und begeistert werden?

C   Se

So bald Sie, mein Bruder! von diesen Wahrheiten überführt sind; so werden Sie ohne Mühe einsehen, daß Sie nur zween Abwege zu vermeiden haben, um in ihrer Religion fest und unbeweglich zu werden. Einer ist die Begierde nach einer größern Deutlichkeit und Gewißheit, als wir erlangen können, und
begehren dürfen. Der andere ist das Laster und die
Befriedigung unordentlicher Leidenschaften. Auf dem
einen wird das Herz durch den Verstand, auf dem andern der Verstand durch das Herz verderbt. Die Erfahrung hat es allzeit bewiesen, daß niemand einen
Feind der geoffenbarten Religion geworden ist, er habe denn weiser als Gott seyn, oder auf einem andern
Wege zur Glückseligkeit gelangen wollen, als auf dem
zwar im Anfange beschwerlichen, aber allein sichern
und gewissen Wege der Gottseligkeit und Tugend.

Diese Denkart, mein Bruder, wird Sie beruhigen, und ihrem Herzen eine Richtung geben, die unbegreiflichen Wege der Gottheit anzubeten, bis Sie der
Geist der Heiligung in die höhern Geheimnisse führen wird.

Da unsere Herzen, lieber Bruder! zur freudigen
Unterwerfung unter alle Befehle und Führungen Gottes um so williger seyn müssen, je vollkommner und
lebhafter unsre Ehrerbietung gegen ein Wesen ist, wel-

ches

ches der einzige Gegenstand der äußersten Bewunderung aller seiner Geschöpfe zu seyn verdient: so sollen
wir uns oft mit Vorstellungen beschäftigen, die in uns
das der Gottheit schuldige Erstaunen unterhalten und
vergrößern könne.

Keine Gedanken können diesen wichtigen Endzweck
glücklicher befördern, als diejenigen, welche die Betrachtung der Hoheit Gottes in jedem Verstande hervorbringen muß, der zu grossen Begriffen nicht ganz
unfähig ist.

Wir empfinden eine natürliche Neigung in uns,
dasjenige zu verehren, was in seinen Eigenschaften,
Kräften und Wirkungen über uns oder über andere Gegenstände erhaben ist, die mit uns verknüpft sind; zu
welch einer tiefen feyerlichen Ehrfurcht und Anbetung
müssen wir denn uns nicht verbunden und angefeuert
fühlen, wenn wir uns bestreben, Gott in seiner unendlichen Majestät zu denken: denn was für eine Un-
ermäßlichkeit ist es nicht, die sein Daseyn, sein Wesen, seine Eigenschaften, seine Thätigkeit und seine
Absicht über die fast unendliche Reihe seiner Geschöpfe
erhebt.

Sie können sich nicht einbilden, lieber Bruder
welche Kraft der Mensch durch dieses Denken erhält!

      Jeder

Jeder Gedanke, der aus der Seele des Menschen zur Gottheit aufsteigt, ist Annäherung des Wesens zum Schöpfer, Annäherung zum Lichte, und lohnt mit Erleuchtung, wie Sie in der Folge deutlicher hören werden.

Gott ist der Höchste — welch ein Gedanke! Welch ein Reichthum grosser Vorstellungen — liegt in dieser einzigen Idee nicht. Er kann von keinem einzigen Wesen völlig gedacht, von keinem ganz empfunden werden; jeder Gedanke, der sich mit ihm beschäftigt, muß, wenn er des Allervollkommsten nicht unwürdig seyn soll, mit dem Begriffe der Unendlichkeit verbunden seyn, und doch wird er in keinem einzigen ganz gedacht.

Je reiner und heller unsre Ideen werden, je mehr sie von aller Sinnlichkeit entfernt sind, je weiter sie sich über alle Sphären der Aehnlichkeit und Einschränkung empor zu schwingen streben, desto mehr erstaunt zwar die bewundernde Seele, desto gewisser wird sie, daß sie den Höchsten denkt: aber desto unaussprechlicher wird er auch für sie, desto mehr sieht sie, daß sie vergebens arbeitet, sich seiner Höhe zu nähern, und doch bleibt es ihre Schuldigkeit, von jeder neuen Stufe, die sie ihm näher gekommen ist, zu noch höhern hinauf zu steigen.

Gott

Gott ist selbst in seinem Daseyn auf eine unbegreifliche Weise von andern unterschieden. Er ist nicht allein die Quelle aller Wirklichkeit und Dauer, sondern er besitzt auch eine Art des Daseyns, die mit keiner andern Wirklichkeit verglichen werden kann. Ich werde seyn, der ich seyn werde; dieses ist sein erhabenster Name, den ihm die Offenbarung giebt; ein Name, der in einem noch hellern Lichte glänzt, wenn Sie ihn in andern Stellen auf folgende Weise umschreibt: Der da war, der da ist, der da seyn wird. Welche Geheimnisse liegen nicht darinn! Die ersten Geister müssen darinn ein unergründliches Meer von Gedanken finden, von denen jeder eine neue Tiefe ist.

Wir sind, lieber Bruder! allein wie lang ist es wohl, daß wir sagen können; wir waren?

Wir waren vor einem Jahre, vor 10 Jahren, vor 30 Jahren, vor 60, 80 Jahren; man findet zuweilen einige, welche sagen können: wir waren vor 100 Jahren; aber welch ein Alter, welch eine seltne Erscheinung ist ein solcher Greis nicht! Ein Leben von noch mehr Jahrhunderten scheint so etwas Unermäßliches zu seyn, daß so gar die Offenbarung angefeindet worden ist, weil, nach ihrer Erzählung, vor den Zeiten der Sündflut viele Menschen beynahe tausend

Jahre

Jahre erreichet haben. Aber welch eine unendliche Anzahl von Zeitläuften würde nicht auch ein tausendjäh-
riger Mensch hinter dem Anfange seines Daseyns An-
treffen! Die Dauer dieser Sonne mit ihren Planeten
ist groß; aber der geflügelte Gedanke ereilt die Grenzen derselben bald, und es mögen vieleicht schon lange vor ihrem Daseyn unzählbare andre Welten den
Ruhm ihres Schöpfers verkündigt haben. Wer wagt
sich mit seinen Gedanken an das Alter der Engel?
Denn es sind gewiß nicht alle Geister, in Betrachtung
des unveränderten Zustandes ihrer Existenz gleich den
Menschen, wie die Blumen, welche gestern aufblühten
und heute verwelken. Doch wenn es auch einen Geist
gäbe, dessen Daseyn mit dem Leben aller Menschen
nicht ausgemessen werden könnte; so würde er doch
nicht, wie Gott, von allen Zeitpunkten sagen dürfen:
Ich war.

Gott ist ewig, und unveränderlich ewig; Er ist
der, der da ist. Unser Daseyn ist ein entlehntes
Daseyn; es ist noch zu stolz gesprochen, unsre Wirklichkeit einen Tropfen aus seiner Existenz zu nennen.
Die Sonnen werden in ihre Finsternisse verlöschen; die
Welten, worinn wir so viel Ordnung, Uebereinstimmung, Schönheit und Pracht bewundern, werden
einsinken, und wir Ameisen auf einem kleinen anmu-
thigen Hügel könnten mit ihm auf eine kleine Zeit in

Staub

Staub verwandelt; alle Geister könnten mit der ganzen Reihe der Erschaffnen in Nichts vertilgt werden,
und doch gäbe es auch alsdenn noch eine unendliche
grenzenlose Wirklichkeit, das unermäßliche Daseyn des,
der allein sagen kann: Ich bin, der ich bin.

Wir dürfen hoffen, daß Gott alle Erschaffnen im
Daseyn erhalten werde; die Unendlichkeit seiner Güte verbietet uns, an ihrer Fortdauer zu zweifeln. Indeß existirt doch auch das beständigste und unwan-
delbarste Geschöpf nicht auf die Art, wie Gott existirt.
Die besten werden in einem ewigen Wirbel von Abwechslung und Veränderung umhergetrieben, niemals
sich selber gleich, immer entweder im Abnehmen, oder
im Wachsthume. Der Mensch theilt sein Leben in
Jahre, Monate, Tage, Stunden und Minuten; er
denke sich aber noch kleinere Theile desselben, die vielleicht für gewisse Arten von Geschöpfen ein langes
Leben sind; auch in einer so kleinen Dauer wird er
nicht, wie Gott, von sich sagen können: Ich bin,
der ich bin. Niemals hat er eben dieselbe Summe
von Bewußtseyn, niemals eben dieselbe Summe von
deutlichen und dunkeln Gedanken; niemals eben dieselbe Summe von Begierden und Empfindungen. Itzt
drängen sich diese Gedanken ans Licht, und plötzlich
verdunkeln sie sich, um andre empor kommen zu lassen; wir erwählen in diesem Augenblicke, was wir

in

in dem nächsten verwerfen; eine Empfindung unterdrückt die andere; ein Wunsch, ein Entschluß treibt den andern, wie in einem Strome immer ein Tropfen den andern fortstößt. Welch ein Unterschied zwischen dem Daseyn des Menschen in dem dunkeln Schoose seiner Mutter, und zwischen dem Daseyn desselben in der ersten Kindheit! Wie wenig gleicht er sich selbst, wenn er noch, wie eine Pflanze, wächst, und wenn er zum erstenmale dankbar gegen seine Mutter lächelt, und nun zu beweisen anfängt, daß er eine Seele hat, wenn er die ersten Worte stammelt, und wenn er zum Knaben, oder vom Knaben zum Jünglinge aufblüht, oder vom Jünglinge zum Manne, und vom Manne zum Greisen reift; So manchfaltig sind die Veränderungen, denen der Mensch in seinem Daseyn unterworfen ist, und der erhabenste endliche Geist muß gleiche Abwechslungen in seinem Daseyn erfahren. Keiner ist mehr, der er war; keiner wird der seyn, der er itzt ist. Dieses ist Gott allein: sein Daseyn leidet keine Abwechslung, er ist, der er war; er wird der seyn, der er ist; er ist, der er seyn wird, über alle Geschöpfe in seiner Dauer erhaben, der Ursprung und die Quelle, aus dem ein jedes endliche Daseyn nach dem andern hervorfließt, ohne daß sie dadurch verändert oder erschöpft würde.

Von

Von keinem Geschöpfe läßt sich sagen, daß es sey, was es seyn wird. Der Engel wird nicht aufhören, ein Engel zu seyn; der Mensch wird nicht aufhören, ein Mensch zu seyn; die Unterschiede zwischen den verschiedenen Arten endlicher Wesen sind beständig, ihre Naturen werden nicht in einander verwandelt werden, und dennoch kann man von keinem einzigen weder in Absicht auf seine Eigenschaften und Zustände, noch selbst in Absicht auf sein Daseyn sagen, daß es sey, was es seyn wird; denn seine Dauer ist niemals die Ewigkeit; er wird nur in der Ewigkeit seines Gottes fortdauern. Alle Zeitalter, die wir leben sollen, reichen nicht an seine Dauer; es sind immer Schranken, in denen wir fortwandeln. Wie wir keinen Zeitpunkt wissen, wo einmal Gott nicht gewesen wäre; so können wir uns auch keinen vorstellen, wo er nicht seyn, wo er nicht eben derselbe seyn wird. Es ist nur für uns eine Glückseligkeit, daß wir künftig nicht seyn werden, was wir gegenwärtig sind. Wir wären äußerst elend, wenn wir immer einerley Empfindungen, immer einerley klare oder deutliche Vorstellungen hätten; wenn wir immer in dem ermüdenden Kreise eben derselben Wünsche und Begierden umherschweifen müßten, immer in einerley Schranken von Erkenntniß und Wissenschaft eingeschlossen. Gottes Seligkeit hingegen besteht darinn, daß er seyn wird, der er war und ist; eben so selig, ehe er

schuf;

schuf; eben so selig, nachdem er unzählbare Welten
zur Wirklichkeit gebracht hat; ein Wesen, das über
alle war, das über alle ist, das über alle seyn wird.

Welch eine Höhe, zu welcher wir uns mit unsern Vorstellungen empor zu schwingen suchen, ohne
sie erreichen zu können! Wer kann die Natur des
Höchsten begreifen, da es kein einziges Geschöpf giebt,
von dessen Wesen wir uns ganz deutliche Begriffe machen können. Wir sehen von allen nur die Oberflä-
che. Wir haben viel, sowohl von unserm Körper, als
von unserer Seele entdeckt; der Zergliederer und der
Philosoph haben sich mit einem gleichen Eifer bestrebt,
unsre innerste Beschaffenheit zu erforschen, und den
Menschen mit dem Menschen bekannt zu machen: aber
wie unendlich viel bleibt uns nicht von uns verborgen!
Welche Geheimnisse, die wir nicht aufklären können!
der Körper ist kein Geist, und der Geist kein Körper;
man empfindet den Unterscheid dieser Begriffe, aber wer
hat noch die Frage beantwortet: Was ist das innere
Wesen des Geistes? Was ist das innere Wesen des Körpers? Doch laßt uns annehmen, wir verstünden die
geheimnißvolle Beschaffenheit eines jeden Dinges; gesetzt, wir sähen das Innerste der Schöpfung vor uns
aufgedeckt; wir überschauten, wie Gott, das Wesen
aller Geschöpfe, von dem ersten Geiste an, dessen Gedanken am nächsten an die Gedanken seines Schöpfers
gren-

grenzen, bis auf den Wurm, vom Wurme bis zum
Sonnenstäubchen, und von diesem, das vieleicht noch
erstaunlich zusammengesetzt ist, bis auf das, über welches sich tiefer hinunter nichts kleiner denken läßt; gesetzt auch, daß wir nicht allein dieses alles, sondern
auch Verschiedenheiten, die ein jedes Ding zu einem
besondern Wesen machen, deutlich begreifen könnten,
und es reichen ohne Zweifel Ewigkeiten nicht zu, uns
eine solche Kenntniß zu geben, weil das Endliche dem
Unendlichen sich wohl immer nähert, es aber doch niemals ganz erreicht: dennoch könnten wir mit allen
solchen Kenntnissen nicht einmal einen bejahenden Begriff von dem Wesen Gottes in uns hervor bringen.
Die Wesen aller Dinge sind, wenn sie auch alle vereinigt werden könnten, kaum ein Schatten von dem
seinigen; der Schatten ist aber nicht die Sonne. Das
Wesen Gottes ist etwas Höhers; es ist ein Wesen
über alle Wesen. Wer muß nicht über die Hoheit
desselben erstaunen, wenn er sich in diese Betrachtungen vertieft? Wer empfindet seine Endlichkeit so wenig, daß er ihn nicht mit der tiefsten Erniedrigung
seines Herzens anbeten sollte? Und wenn wir uns vorstellen, daß dieses so erhabne Wesen auf unsre Nie-
brigkeit herabsieht, und mit Augen der zärtlichsten Güte und Erbarmung herabsieht: Wer verkennt alsdann
seine Schuldigkeit so sehr, daß er nicht in den Ausruf
des königlichen Dichters einstimmen sollte: Herr, was

ist

ist der Mensch, daß du sein gedenkest, und des
Menschen Kind, daß du dich sein annimmst!

Wenn Sie sich also erhabne Begriffe von der Wesenheit eines Gottes gemacht haben, lieber Bruder! so
ist nothwendig, daß Sie sich Mühe geben zu erforschen,
welches die beste Art sey über Gott zu denken.

Oft an Gott zu denken, lieber Bruder! ist der
erste Schritt zur Weisheit; Geister nähern sich durch
Gedanken; jedes feurige Gebet; jede Erhebung des
Gemüths zu Gott ist Annäherung.

Wenn wir unser Leben, mein Bruder! genauer
überdenken, so könnten wir beobachten, daß wir sel-
bes eigentlich im Schlafe, Schlummer, und in wirkliches Wachen eintheilen können.

Der Schlummer wäre nicht nur das Pflanzenle-
ben, sondern auch dasjenige thierische Leben, da die
Seele nur um des Leibes willen da zu seyn scheint, und
woraus man endlich in tiefen Schlaf der Unthätigkeit
fällt.

Wirkliches Wachen wäre aber derjenige glückliche Zustand unsrer Seele, da wir entweder Gott denken, oder etwas, das Gott geboten hat, und zwar,
weil er es geboten hat, thun.

Nur

Nur von dem , mein Freund! der wirklich wacht,
kann man sagen, daß er wirklich lebe. Wie alt sind
wir nun, und wie lang haben wir gelebt?

Wenn nun einst Gott diese Frage an uns stellte,
was müßten wir, und was könnten wir ihm antworten? — O Bruder! woferner der Unendliche nicht spielte,
als er uns schuf, so ist diese Sache erstaunlich ernsthaft!

Ich weis wohl, daß wir, und alle andern moralischen Wesen, mehr zum Thun, als zum Denken
gemacht sind. Allein, da das Thun allzeit von dem
Denken, begleitet werden muß; da es eine gewisse Art
zu denken giebt, die schon halb Handlung ist; und
da so gar einige Gedanken völlig als Thaten von Gott
angesehen werden: so hat man nicht zu befürchten,
daß man von einer Kleinigkeit rede, wenn man von
demjenigen Theile unsers wirklichen Lebens redet,
der im Denken besteht,

Welche von allen Arten, über das erste Wesen
zu denken, ist die beste?

Ich sehe die Schwirigkeiten einer Antwort auf
diese Frage in ihrem ganzen Umfange ein ; aber gleichwohl halte ich sie nicht für so groß, daß ich dem Recht
geben würde, der mir, vielleicht mit vielen tiefsinnig
scheil-

scheinenden Gründen, sagte, daß man sich gar nicht
darauf einlassen sollte.

Ehe ich meine Untersuchung anfange, muß ich
einigen meiner Leser sagen, daß, wie es eine wirk=
liche Glückseligkeit ist, sich nur überhaupt vorzustellen,
daß man existirt, ohne dabey die verschiednen Arten
unsers Daseyns zu zergliedern, daß es auch eine wirk=
liche und viel höhere Glückseligkeit ist, uns überhaupt
bewußt zu seyn, daß wir fähig sind, Gott — den
Unendlichen — zu denken! Fast alle Beweise für
die Unsterblichkeit der Seele aus der Vernunft werden
den, der so unglücklich ist, kein Christ zu seyn, nur
zweifelhafter machen. Aber das Bewußtseyn dieser
unsrer höchsten Fähigkeit ist ein Beweis, der wie die
Sonne leuchtet. Ich kann Gott, wie unvollständig
meine Begriffe von ihm auch sind, ich kann Gott
denken! Ich bin unsterblich! Derjenige, der Gott,
auch nur einen Augenblick, gedacht hat, sollte nicht
unsterblich seyn? So kann ich fragen; und ein Erz=
engel, dem sich Gott nicht unmittelbar offenbaret,
wie sehr er seine höhern Kräfte auch fühlt, fragt
eben so.

Da die Anführung dieses Erweises nur eine Er=
läuterung des vorigen ist; so setze ich ihn nicht wei=
ter fort. Ich könnte ihn so fortsetzen: Und ich darf

Gott

Gott lieben! Der, welcher Gott, auch nur den hundertsten Theil eines Augenblicks, geliebt hat, sollte nicht unsterblich seyn?

Aber welche ist die beste Art, über Gott zu denken? Man könnte sagen, wir müßten uns mit allen Arten so bekannt machen, daß wir zu der Zeit, da wir zu der einen nicht fähig genug wären, zu der andern unsre Zuflucht nehmen könnten. Ich habe nichts dawider. Denn alles, was uns zu Gott führen kann, ist höchstwichtig. Gleichwohl glaube ich, daß es eine von unsern vornehmsten Pflichten ist, uns an die beste Art, über Gott zu denken, so zu gewöhnen, daß wir die andern beynahe nicht nöthig haben.

Ich hoffe, meiner Materie genug zu thun, wenn ich drey Arten erkläre; ob ich mich gleich nicht anmaße, die Sache dadurch bis auf ihre Nüancen zu bestimmen.

Es giebt eine kalte, metaphisische Art, die Gott beynahe nur als ein Objekt einer Wissenschaft ansieht, und eben so unbewegt über ihn philosophirt, als wenn sie die Begriffe der Zeit oder des Raums entwickelte. Eine von ihren besondern Unvollkommenheiten ist diese, daß sie in den Ketten irgend einer Methode einhergeht, welche ihr so lieb sind, daß sie jede freyere Erfindung

einer

einer über Gottes Größe entzückten Seele fast ohne
Untersuchung verwirft. Ich verstehe hier durch Erfin=
dungen neue, oder wenigstens seiner bestimmte Ge=
danken über die Vollkommenheiten des Unendlichen.
Ich gebe zu, daß diese Art den, der noch nöthig hat,
sich von dem Daseyn Gottes zu überzeugen, nützlich
seyn könne. Derjenige aber, welcher weis, daß die
Sonne scheint, oder, welches eben so gewiß ist, daß
Gott existirt, der dieß weis, und sich auf die ange=
führte kalte Art über Gott zu denken, allein einschrän=
ken wollte, der würde sich dadurch der nicht kleinen
Gefahr aussetzen, gar zu selten, oder beynahe gar
nicht, Gott, als den unendlich Liebenswürdigen,
als den über allen Ausdruck Bewundernswürdigen,
zu denken, und zu empfinden (denn dieß Denken
kann von der Erfindung nicht getrennt werden) er
würde sich auch so gar der Gefahr aussetzen, welche
er doch am meisten zu vermeiden glaubt, nicht wahr
genug von ihm zu denken. Denn wer sich nicht ge=
nug erhebt, wer nicht würdig genug von ihm denkt,
der denkt auch nicht wahr genug von ihm. Ein sol=
cher Philosoph, wie ich meine, wird mir einwerfen,
daß ich dieß zwar sage, aber nicht erweise. Und ich
kann ihm doch hier weiter nichts antworten, als daß
der Umstand, daß er den Erweis einer an sich selbst
so klaren Sache verlangt, zwar viele, aber nur ihn
nicht überzeugen wird, er habe seinen Verstand durch

meta=

metaphifische Grübeleyen, denen er sich nicht einmal
frey überläßt, sondern die er nur nach einer gewissen
Schulmethode zusammensetzt; sehr kurzsichtig gemacht.

Weil wir über dieß alles, durch diese Art von
Gott zu denken, beynahe unfähig werden, uns zu
der höhern, von der ich zuletzt reden werde, zu erheben; so müssen wir auf unserer Hut seyn, uns
nicht daran zu gewöhnen. Indeß wird sich ein
wahrer Philosoph; ich meine einen, den sein Kopf,
und nicht bloß die Methode dazu gemacht hat, bis-
weilen darauf einlassen; um sich, durch die Neuheit
zu verfahren, aufzumuntern.

Es giebt eine zweyte Art; die ich die mittlere,
oder um noch kürzer seyn zu können, Betrachtungen
nennen will. Die Betrachtungen verbinden eine freyere Ordnung mit gewissen ruhigen Empfindungen; und
nur selten erheben sie sich bis zu einiger Bewunderung Gottes. Sie können sehr wahr; sehr fromm,
und sehr werth seyn, oft wieder gedacht zu werden;
allein sie thun einer Seele, die sich auf das Aeußer-
ste bestrebt, Gott zu kennen, noch nicht genug;
wo ihr Verlangen nach dieser Erkenntniß, durch ein
gewisses unsrer Einschränkung sehr natürliches Nach-
lassen; gemildert ist. Sie haben überdieß oft die
Unvollkommenheit; daß sie uns veranlassen, klein

von Gott zu denken. Nicht so würdig, als wir
können, nenne ich schon klein von Gott denken.
Und dieß geschieht am meisten dadurch, daß sie uns,
ohne unsern Vorsatz, unvermerkt zu glauben verleiten,
Gottes Gedanken seyn wie unsere Gedanken. Kurz,
die Eigenliebe eines frommen, und in diesen Augen-
blicken vielleicht recht sehr frommen Mannes verführt
ihn, Gott nach sich zu beurtheilen.

Robert Boyle — und man wird doch nicht geneigt seyn, einen Mann, der in allen seinen Handlungen so viel edle Einfalt und ungesuchte Würdigkeit zeigte, deßwegen einen Sonderling zu nennen,
weil er in Einer Sache anders, als fast alle Menschen gehandelt hat; und noch weniger wird man den-
jenigen einen Heuchler nennen wollen, der seine reine
Frömmigkeit durch eine völlige Vermeidung aller
Scheinheiligkeit so sehr bewiesen hat. Robert Boyle
sprach den Namen Gottes niemals anders, als mit
einer so tiefen Ehrfurcht aus, daß er nicht anders
konnte, als, nach der Aussprechung desselben, eine
Weile still schweigen, und erst nach diesem merklichen
Innehalten, wobey er sein Haupt entblößt gehabt hatte, seine Unterredung fortzusetzen. Wie mochte dieser verehrungswürdige Mann seine Empfindungen von
Gott, wenn er allein war, ausdrücken, wenn dieser ernste, und von allem, was nur geschaffen ist,
abge-

abgesonderte Tiefsinn zulezt in Erstaunen ausbrach,
in Erstaunen über Gott, das Höchste, außer der
Liebe zu ihm, wozu ein endlicher Geist fähig ist?

Sich auf der obersten Stufe dieser Erhebung zu
Gott lange zu erhalten, ist in diesem Leben unmöglich; aber sich ihr, durch mehr als Betrachtungen,
oft und lange nähern, ist auch hier möglich, und die
höchste aller Glückseligkeiten. Sich der obersten Stufe nähern, nenne ich; wenn die ganze Seele von
dem , den sie denkt, (und wen denkt sie?) so erfüllt ist, daß alle ihre übrigen Kräfte von der Anstrengung ihres Denkens in eine solche Bewegung gebracht sind, daß sie zugleich und zu einem Endzweck
wirken: wenn alle Arten von Zweifeln und Unruhen
über die unbegreiflichen Wege Gottes sich verlieren,
wenn wir uns nicht enthalten können, unser Nachdenken durch irgend einige kurze Ausrufungen der Anbetung zu unterbrechen; wenn, wofern wir darauf
kämen, das, was wir denken, durch Worte auszudrücken , die Sprache zu wenige und zu schwache
Worte dazu haben würde; wenn wir endlich mit der
allertiefsten Unterwerfung eine Liebe verbinden, die
mit völliger Zuversicht glaubt, daß wir Gott lieben
können, und daß wir ihn lieben dürfen.

Wofern man im Stande wäre, aus der Reihe; und daß ich so sage, aus dem Gedränge dieser schnell fortgesetzten Gedanken; dieser Gedanken von so genauen Bestimmungen, einige mit Kaltsinne herauszunehmen, und sie in kurze Sätze zu bringen; was für neue Wahrheiten von Gott würden oft darunter seyn!

Die Erreichung der obersten Stufe in dieser letzten Art über Gott zu denken, ist ein Zustand der Seele, da in ihr so viele Gedanken und Empfindungen auf Einmal und mit einer solchen Stärke wirken, daß das, was alsdann in ihr vorgeht, durch jede Beschreibung verlieren würde.

Der Morgen graut, die aufgehende Sonne ruft uns zur Anbetung; Gottes Segen über Sie, Bruder! die künftige Nacht sehen wir uns wieder.

Vierte

Vierte Nacht.

Aus dem, was ich Ihnen bisher sagte, lieber Bruder! können Sie wohl ahnden, daß grosse Geheimnisse im Schoose der Religion ruhen, und daß es
Geheimnisse in der Natur giebt, die zu ergründen
der menschliche Forschgeist nicht hinreicht, wenn er
nicht von einem höhern Lichte erleuchtet wird.

Die grossen und unbegreiflichen Thaten, derer
Nachruf noch von dem Alterthume bis auf diese Zeiten auf uns gekommen sind; die Wunderdinge, die
die Schrift uns liefert, und tausend andere Sachen,
wovon wir uns keine Erklärung geben können, beru-
hen auf den Gesetzen der göttlichen Annäherung,
von welchen Sie zu seiner Zeit mehren deutlicher unterrichtet werden.

Wenn Sie einen Blick auf die Natur zurück-
werfen, so werden Sie eine Analogie unter den gewöhnlichen Menschen finden. Betrachten Sie einmal
die Geburten des Geistes; die Dichtkunst, die Beredsamkeit, ihre Stärke, ihr Hinreißendes, ihre Ab-
traktionskräfte, die erhöhten Leidenschaften, die
Liebe, den Zorn, Enthusiasmus, selbst die Schwär-

merey

meren — welche außerordentliche Dinge, die die
gewöhnlichen Kräfte des Menschen übersteigen, können sie nicht hervorbringen? — Ist diese innere
Seelen-Elektrizität nicht ein Wink für den Beobach-
ter, daß eine Kraft im Menschen liegt, die unbegreiflich ist, wenn sie ihre Höhe erreicht. Denken
Sie sich einmal die Kraft der Tugend, was sie wirket, welche Männer sie bildet? Nun, mein Freund!
wenn diese innere Kraft des Menschen zu ihrer größten möglichen Reinheit gebracht werden könnte, wenn
sie eine andere sie noch übertrefende Kraft zur Be-
herrscherinn und Siegerinn über alles Sinnliche machen könnte, welche Erwartungen müßten wir nicht
von ihren Wirkungen haben? Ist es nicht ganz natürlich, daß Gegenstände, die dem Lichte näher sind,
beßer erleuchtet werden, und daß reine und diaphane
Körper den Lichtstral am besten auffangen, und
wunderbar zu vermehren scheinen. Alles dieses ist
Wink, daß Annäherung zur Gottheit, die allein
Licht ist, dem Menschen besser erleuchtet, und höhere Kräfte des Achts giebt; allein wie wir in der Natur Analogie von dieser Wahrheit finden, so finden
wir auch Analogie von dem Zustande, den der Körper haben muß, der sich dem Lichte nähert.

Die dürren, öden Gegenden werden wieder belebt, wenn im Frühjahre die Sonne der Erde näher
kömmt

kömmt. Alle diese Zauberkräfte des Frühlings sind
ein Werk ihrer Annäherung. Denken Sie, welchen
Frühling die ewige Sonne in dem Herzen des Menschen hervorbringen muß; der sich ihr nahet. Nun
frägt sich; wie geschieht denn diese Annäherung, und
was wird zu solcher erfodert? —

Lieber Bruder! dieses ist's eben, was Sie lernen
werden. Dringen Sie nicht zu begierig in das Wissen; nach und nach wird es Ihnen mitgetheilt werden. Vergessen Sie nicht, sich einsweilen den Win-
ken der Natur zu erinnern, die den Menschen im
Großen eine Vorschrift seines erhöhten Seelenzustan-
des geben. Bedenken Sie, daß der höchst verfeinerte
Zustand eines Körpers das Glas ist, daß alle seltne
und wunderbare Erscheinungen, auf die man durch
diesen verfeinerten und gereinigten Körper kam, wirklich Wunderkräfte der Natur sind, über die wir aber
nicht mehr erstaunen, weil sie uns gewöhnlich sind,
und weil wir hierüber nicht mehr reflektiren. Wie
reiner und feiner ein Körper ist, wie mehr sich alles in seinem Baue der Einheit nahet, desto mehr ist
er fähig, die Stralen des Lichts aufzufangen, und
sie zu konzentriren. Denken Sie einmal über die
Hohl- und Brennspiegel nach. In der Optik, mein
Bruder, liegen noch ganz unbegreifliche Dinge verborgen; Dinge, von welchen sich unsere Physiker
                                              nichts

nichts träumen laſſen; aber alles dieſes ſind nur
Winke, die den Forſcher zu höhern Wahrheiten führen ſollen.

Reinheit der Seele iſt der erſte Weg der Annäh-
rung; vor allem müſſen Sie ſich, mein Bruder! die
praktiſchen Regeln der Sittlichkeit zur Tugend zu gelangen, und. Fertigkeit in guten Handlungen zu erhalten, eigen machen, ohne welchen es nicht möglich
iſt, die Höhe der Rechtſchaffenheit zu erreichen, welche erſtiegen werden muß, um einen nicht unbilligen
Anſpruch auf höhere Dinge machen zu dürfen. Hören Sie mir alſo mit Gelaſſenheit zu, wie Sie zu-
erſt dieſe Fertigkeit erreichen können.

Man wird leicht mit Ueberzeugung einſehen,
daß eine fertige Entdeckung guter, und eine eben
ſo glückliche Beobachtung und Vermeidung gefährlicher und böſer Gelegenheiten, unter den manchfaltigen Uebungen, welche edle Fertigkeiten erleichtern,
und befeſtigen, nicht den niedrigſten Rang einneh-
men. Wem es hier an geſchwinder Einſicht und
richtiger Beurtheilung fehlt, der wird auch bey dem
aufrichtigſten Entſchluſſe, ſeinen Pflichten getreu zu
ſeyn, auf dem Wege der Tugend nur ſehr langſame
Schritte thun, indem tauſend zu guten Handlungen
ehr bequeme Veranlaſſungen ungenützt vorübereilen
werden,

werden, weil er sie nicht sieht, die Schuld davon
mag nun an der Blödigkeit, oder an der Trägheit,
oder auch an der Zerstreuung seines Verstandes liegen. Er wird sich von demjenigen weit zurückgelas-
sen sehen, der jede innerliche und äußerliche Rei-
zung zur gewissenhaften Leistung seiner mannchfalti-
gen Verbindlichkeiten bemerkt, und, an eine schnelle
Beobachtung derselben gewöhnt, jede, die sich ihm
anbietet, ergreift, jede zu seinem Vortheile anwen-
det, durch jede löbliche Handlung, die er unternimmt,
seiner Liebe zur Tugend eine neue Stärke mittheilt,
und das Leben derselben, so zu sagen, immer lebendiger macht. Es hat mit jeder andern Kraft der
menschlichen Natur die Bewandniß, daß sie zu dem
Grade von Stärke, dessen sie fähig ist, nicht gelangen kann, ohne oft gebraucht und angestrengt zu
werden. Aber welch ein Unterschied ist gleichwohl in
dem Wachsthume unserer in ihren Bestimmungen so
weit voneinander verschiednen Kräfte! Sind, damit
ich meine Gedanken durch ein Beyspiel deutlicher ma-
che, unsere körperlichen Fähigkeiten bis auf den Grad
erhöht, den sie nicht überschreiten können: so nimmt
ihre Stärke eben durch den Gebrauch wieder ab,
der sie erweckte und vermehrte; die Uebung schwächt
sie nun, und je öfter sie angestrengt werden, desto
stumpfer werden sie, und desto schneller erfolgt ihre
Abnahme. Nur die Fertigkeiten der Tugend sind ei-

nes

nes unaufhörlichen Wachsthumes fähig; mit jeder
Anwendung empfangen sie ein neues Leben, werden
sie unsterblicher, werden sie immer mächtiger, alle
Hindernisse und Schwirigkeiten zu überwältigen, und
der Wetteifer in den Schranken der Religion und
Rechtschaffenheit ermüdet so wenig durch seinen schnel-
len Fortgang, daß ihm vielmehr jeder noch schnellere
Schritt auch eine größere Geschwindigkeit und Freu-
digkeit mittheilt. Doch so weit kann es niemand
bringen, ohne seine manchfaltigen Pflichten oft erfüllet zu haben. Wer kann sie aber oft erfüllen,
wenn es ihm an Geschicklichkeit und Lust fehlt, die
Gelegenheiten dazu glücklich zu entdecken und sorgfältig zu gebrauchen?

Man erstaunt, wenn man überdenkt, wie viel
Gutes Aristides schon gethan hat, man mag sein
Leben aus der Nähe oder aus der Ferne übersehen;
man erstaunt noch mehr, wenn man sich vorstellt,
wie viel man noch und zwar mit der allerzuverläßig-
sten Gewißheit von ihm erwarten darf. Wenn er
nicht gelernt hätte, oder es nicht wissen wollte, daß
ein Rechtschaffener bey aller Größe und Würde seiner
Tugend und bey einem noch so feurigen Eifer, allen
seinen Pflichten zu gehorchen, immer Ursachen genug
übrig behalte, sich zu demüthigen: mit welcher
Selbstzufriedenheit könnte er nicht seine Aufführung
betrach-

betrachten, und wie nahe wäre er der Gefahr nicht, sich der Vorzüge zu erheben, die ihren schönsten Werth von der Bescheidenheit, und von einer sittsamen Mäßigung selbst einer nicht unerlaubten Freude darüber empfangen? Man braucht diesen Liebenswürdigen nicht lange zu kennen, um zu wissen, daß jede Stunde seines Lebens oft mit mehr als einer edlen und rühmlichen Handlung bereichert und verschönert werde. Ueberläßt er sich den Verbindlichkeiten seines Berufs; wie eifrig erfüllt er sie nicht; mit welcher Treue; mit welcher Gewissenhaftigkeit! Erscheint er in den Gesellschaften, welches gemeiniglich auch aus Pflicht geschieht; auch in die Gesellschaften begleiten ihn Religion und Tugend, und überall in der heitersten und angenehmsten Gestalt; sie begeistern seine Gespräche, die alle entweder nützlich, oder verbindlich sind. Man ist begierig zu wissen, warum sich Aristidea in der Tugend so sehr von andern unterscheide, welche man gleichwohl nicht beschuldigen darf, daß es ihnen an Neigung und Lust zu ihren Pflichten fehle? Wahre Tugend zu besitzen, dazu ist auch ein besondrer und ungewöhnlicher Einfluß des Beystandes unentbehrlich, ohne welchen sich der Mensch zu keiner andern, als zu einer bloß scheinbaren Größe emporschwingen kann. Allein dieses sind die ersten und allgemeinen Ursachen, und diese bringen ihre Wirkung nicht unmittelbar hervor. Worinn

folg

follen wir alfo die Mittelurfachen fuchen, wodurch
fie wirken? In feinen natürlichen Fähigkeiten und
Talenten? Aber wie oft bleiben die fchönften Gaben
der Natur ungebraucht, gleich Schätzen, welche der
Befitzer oft faft weniger kennt, als eine fcharffichtigere
Welt? Wie oft werden fie auch entweder ganz zer=
nichtet, oder durch Lafter gefchändet? In der Er=
ziehung? Aber wie viele können fich nicht rühmen,
durch eine weife und vortrefliche Erziehung auf den
Weg der Tugend geleitet worden zu feyn? Warum
gehen fie denfelben, wenn fie ihn auch nicht verlaf=
fen, doch mit einer folchen Trägheit? Warum ver=
lieren fie fich unter der Menge derer, die, wenn fie
gut genug bleiben, um weder verachtet noch verab=
fcheuet zu werden, fich doch nicht beftreben, fo vor=
treflich zu feyn, daß fie eine befondre Hochachtung,
Verehrung und Bewunderung verdienten? Sollten wir
Ariftidens moralifche Vorzüge feinen äußerlichen Um=
ftänden zufchreiben? Aber fo würden groffe und er=
habne Tugenden nicht fo felten in der Welt feyn,
wenn es bloß auf Geburt, Anfehn und Macht an=
käme. Woraus follen wir alfo feine fo außerordent=
liche Fertigkeit in allen löblichen Handlungen herlei=
ten? Am beften unftreitig aus der Gewohnheit, alle
Gelegenheiten zum Guten, ehe fie vorüber find,
fchleunig wahrzunehmen, und aus der Luft, fie ihrer
Beftimmung gemäß anzuwenden. Diefe Vollkommen=

heit

heit ist es, welche, so zu sagen, jeder Tugend Flügel giebt! Glücklich ist das Volk, das sich rühmen
kann, in verschiednen Ständen mehr als einen Aristides zu besitzen, wenn sie solches auch in verschieb-
nen Graden und auf verschiednen Laufbahnen seyn
sollten!

Es ist nöthig, wenn wir in der Entdeckung
und glücklichen Anwendung guter Gelegenheiten zu
einer solchen Fertigkeit kommen wollen, durch welche
wir unsre Tugend nicht allein stärken, und von einer Stuffe der Vortreflichkeit zur andern erhöhen,
sondern auch unsre Zufriedenheit und Glückseligkeit
mit einem großen Ueberflusse wahrer Freuden vermehren können, daß wir uns mit den Vorschriften
bekannt zu machen suchen, welche uns in den Be-
sitz dieser Vollkommenheit setzen, so bald wir in der
Beobachtung derselben Sorgfalt und Klugheit beweisen. Da ein Mensch nicht allein durch wirkliche Laster, sondern auch durch Vernachläßigung der Pflichten, die Vernunft und Religion gebieten, strafbar
und unglücklich wird: so kann eine Betrachtung
dieser Regeln denen nicht anders als angenehm seyn,
welche sich von einer edeln Lust begeistert fühlen,
ihre Wohlfahrt und Ehre auf eine ungeheuchelte Frömmigkeit und Rechtschaffenheit zu gründen.

Ich

Ich setze voraus, daß derjenige, welcher sich gewöhnen will, die Gelegenheiten zum Guten, die sich ihm anbieten, mit Geschwindigkeit nicht allein zu entdecken; sondern auch auf das vortheilhafteste zu gebrauchen; eine deutliche, gegründete, und zugleich lebhafte Erkenntniß seiner manchfaltigen Obliegenheiten besitzen müsse. Dieses bedarf keines Beweises, wenn man sich nur erinnern will, daß sie in solchen Verknüpfungen sowohl unsrer eignen innerlichen und äußerlichen Umstände, Schicksale, Veränderungen, als auch unsrer Verhältnisse gegen andre Menschen und Wesen bestehen, wodurch die Erfüllung unsrer Pflichten entweder möglich gemacht oder befördert wird. Wenn man diese nicht kennt, woher sollen wir diejenigen Verbindungen unsrer Umstände und Verhältnisse entdecken, welche zur Ausübung der Tugend vor andern bequem und vortheilhaft sind? Ein wichtiger Grund, die allernothwendigsten Einsichten zu erweitern, und unsre Verbindlichkeiten in ihrem ganzen Umfange übersehen zu lernen. Denn je vollkommner und lebendiger sie sind, desto leichter muß es uns werden, alle Veranlassungen zu löblichen Thaten wahrzunehmen, und ihrem Endzwecke gemäß anzuwenden.

De

Da alle Gelegenheiten zum Guten nicht bloß
in unsern äußern, sondern vornehmlich in unsern in=
nerlichen Umständen und Beschaffenheiten und deren
Zusammenhange mit unsern Verhältnissen gegen andre
Menschen und Wesen gegründet sind: so begreift
man leicht, daß die erste Regel eine genaue Auf=
merksamkeit auf uns selbst und eine richtige und
sorgfältige Selbsterkenntniß verlange. Keine uns=
rer Handlungen kann zur Wirklichkeit kommen, wenn
wir nicht von einem innern Antriebe dazu gereizt
werden, er mag nun aus bloßer Empfindung, oder
aus der Gegenwart heftiger Begierden und Leiden=
schaften, oder auch aus deutlicher Erkenntniß ent=
springen. Wir müssen also die Triebfedern kennen,
welche unsre Seele in Bewegung setzen: wir müssen
die Anzahl derer, die zugleich wirken, wir müssen
die verschiednen Stufen ihrer Lebhaftigkeit und Stär=
ke kennen, wenn wir sie nach den Erfodernissen der
Fälle, worein wir kommen, entweder vermehren und
aufeuern oder zurückhalten und schwächen wollen.
Und wie können wir die innern Beschaffenheiten und
Veränderungen unsers Verstandes und seiner Kräfte,
unsers Herzens und seiner Bewegungen mit unsern
äußern Umständen und Veränderungen in diejenige
Harmonie bringen, welche Religion und Rechtschaf=
fenheit begehren, wenn wir Fremdlinge in uns selbst
sind? Wenn wir nicht wissen, was in unserm eig=

ne=

nen Herzen vorgeht, oder wenn es dem Bewußtseyn
davon an Deutlichkeit und Licht fehlt : Werden wir
nicht in unsern Handlungen von jeder fremden Gewalt abhangen, die nur auf unsre Sinne wirken
kann ? Lerne dich selbst kennen, ist also eine
Regel, deren Beobachtung, außer tausend andern
vortreflichen Wirkungen, auch diese hat, daß sie die
Entdeckung und Anwendung aller guten Gelegenheiten erleichtert und befördert.

Weil überhaupt der Ausführung eines jeden
Unternehmens, worein wir uns einlassen, nichts hin-
derlicher zu seyn pflegt, als theils die Zerstreuung
unsers Geistes, die gemeiniglich ihren Grund in einer allzumächtigen Sinnlichkeit hat, theils auch eine
unordentliche Geschäftigkeit, welche entweder auf
keinen gewissen Endzweck gerichtet ist, oder ihre Gegenstände beständig verändert, oder verschiedne Absichten zu gleicher Zeit verfolgt, ohne sie gehörig
miteinander zu verbinden : so müssen wir, um alle
Gelegenheiten zum Guten leicht entdecken und gebrauchen zu können, uns von diesen so nachtheili-
gen Unvollkommenheiten unsrer Seele zu befreyen,
oder vor ihnen zu bewahren suchen. Die Gegenwart des Geistes und die Sammlung des Herzens
sind auch zu diesem so wichtigen Endzwecke nothwendige und sichre Mittel. Ein Mensch mag noch
so

so ernſtlich entſchloſſen ſeyn, eine jede Gelegenheit
zu rühmlichen Handlungen pflichtmäßig anzuwenden,
und auch ſcharfſichtig genug, ſie zu entdecken; ſie
wird ihm ſelbſt, wenn er ſie faſt ergriffen hat, noch
entfliehen, wofern er zur Zerſtreuung gewöhnt, oder
in eine Geſchäftigkeit verloren iſt, die ſich durch keine Regeln einſchränken und regieren läßt. Denn da
wir beſtändigen Veränderungen unſers Zuſtandes ausgeſetzt ſind, und keine einzige in einer völligen
Gleichheit mit ſich ſelbſt lange fortzudauern pflegt;
da die Zerſtreuung und eine unordentliche Geſchäftigkeit eben darinn beſteht, daß die Seele unfähig
geworden iſt, eine Reihe von Gedanken oder Bewegungen, oder Handlungen mit Beſtändigkeit fortzu-
ſetzen, weil ſie keinem beſtimmten und feſten Ent-
wurfe folgt; da überdieß jede Gelegenheit entweder
verſchwindet, oder unbequem werden muß, wenn die
Verknüpfung von einerley innerlichen und äußerlichen
Umſtänden geſchwächt wird, oder völlig aufhört: ſo
iſt derjenige, der dieſe Fehler noch nicht überwunden
hat, immer in Gefahr, von der beſchloſſnen und
auch wohl ſchon angefangenen Ausführung edler Unternehmungen, zu denen ihn beſondere Veranlaſſungen reizen, durch fremde Gegenſtände abwendig gemacht zu werden, ſobald ſie nur einen unvermuthe-
ten und plötzlichen Eindruck auf ihn machen. Ueber
dieſe Gefahr iſt derjenige erhoben, der ſich ſo in ſei-

         E   ner

ner Gewalt hat, daß ihn nichts beunruhigt, Er ist
so frey; er ist seiner selbst und seiner Kräfte und
ihrer Wirkungen so mächtig, und seine Augen sind
immer so offen und wachsam, daß er alle Veränderungen, die nicht von ihm selbst entspringen, bemerkt, ohne sich selbst dadurch verändern zu lassen;
daß er auf seinem Wege standhaft fortgeht, wenn
es nicht seine Pflicht selbst erfodert, seine Handlungen anders einzurichten.

Ein Mensch der sich geübt hat, seine Gedanken zu sammeln, und gegenwärtiges Geistes zu seyn,
wie leicht muß der nicht seine Umstände, seine Verhältnisse gegen andre Menschen, und überhaupt gegen
alle Geschöpfe, und derer Abwechslungen mit den
Gesetzen Gottes vergleichen; wie leicht muß der nicht
aus einer solchen Vergleichung einsehen, und, wie
das Beste aller Bücher sagt, prüfen können, welches sein guter, sein ihm wohlgefälliger Wille
sey! Es giebt so merkliche Gelegenheiten zur Tu=
gend für alle Menschen, daß es beynahe gar keiner
Anstrengung unsrer Aufmerksamkeit zur Entdeckung
derselben bedarf; sie dringen sich, so zu sagen, einem jeden auf; man müßte sehr muthwilliger Weise
seine Augen verschließen, wenn man sie nicht entdecken wollte. Allein es giebt Gelegenheiten zur
Tugend, die es nicht gleich bey dem ersten Anblicke

zu

zu seyn schernen; sie stralen nicht in einem so starken Lichte, als jene, man muß seine Aufmerksamkeit
ermuntern; man muß in der Beurtheilung sehr genau, und doch zugleich sehr geschwind seyn, damit
sie nicht ungebraucht vorüber eilen. Wie glücklich
ist alsdenn nicht derjenige, der sich in der Vergleichung aller Dinge mit dem Willen Gottes und mit
seinen Pflichten bis zur Fertigkeit geübt hat! Diese
wird ihn in den Stand setzen, ohne Verzug zu sehen, was er thun muß; und welch einen vorzüglichen Werth haben nicht Tugenden, die bey weniger merklichen, weniger sichtbaren Gelegenheiten
dazu ausgeübt werden!

Jedoch ist es unmöglich, in dem Gebrauche
der Gelegenheiten zu tugendhaften Handlungen mit
so vieler Treue und mit einem solchen Eifer zu verfahren, als wir schuldig sind, wenn nicht unsere
allgemeine Entschließungen, alle Gesetze, die unsern
Gehorsam fodern, zur beständigen Richtschnur unsers
Verhaltens zu machen, zu allen Zeiten Wirksamkeit
und Stärke genug behalten. Wie nöthig ist es nicht
in dieser Absicht, öftere Betrachtungen über die Nothwendigkeit und wahre Beschaffenheit derselben anzu-
stellen! Geben wir uns keine Mühe, sie immer zu
erneuern; so haben sie das Schicksal aller Ideen unsers Geistes, die, wenn wir sie nicht fortsetzen, end-

E 2   lich

lich von andern so verdunkelt werden, als wenn sie
nie von uns gedacht worden wären. Wir müssen
uns also unsrer guten Vorsätze nicht allein bewußt
bleiben; wir müssen sie auch in ihrer Herrschaft über
alle andern Gedanken, und über alle Wirkungen unsers Willens zu vertheidigen suchen. Wir müssen zu-
sehen, daß die Ordnung, in welcher wir sie zur
Wirklichkeit bringen sollen, nicht verrückt werde, und
besonders müssen wir alle unsre Umstände, und alle
Veränderungen, die mit uns vorgehen, als Mittel
anwenden, täglich ihre Stärke und Lebhaftigkeit zu
vermehren. Je größer diese ist, desto mehr wird uns
an der Erfüllung derselben liegen, und wer weiß
nicht, wie wirksam uns der Antheil macht, den wir
an einem Gegenstande unsrer Wünsche nehmen?
Alsdann kann sich unsrer Aufmerksamkeit nichts entziehen, was in einigem Verhältniße damit steht; wir
sehen alles, und die Hofnung unsre Vorsätze auszuführen, wie beseelt sie nicht unsre Thätigkeit, und
welche Hindernisse hilft sie nicht überwinden?

Die Folge aus diesen Erfahrungen ist die Nothwendigkeit einer beständigen und angelegentlichen
Erneuerung guter Vorsätze. Da nun diese, weil
ihre Belohnung selten eine sinnliche Lust ist, bloß
durch die Uebung in einer deutlichen Erkenntniß unsrer Pflichten befördert werden kann: so können wir

wider

wider eine unordentliche Sinnlichkeit nie zu sehr auf
unsrer Hut seyn, weil eine reife und zuverläßige
Beurtheilung durch nichts mehr verhindert wird, als
durch sie. Die Empfindung muß, selbst wenn wir
sie auf moralische Güter richten, nie die vornehmste
Ursache unsrer Handlungen werden; denn auch sie
kann uns zu gefährlichen Verirrungen verleiten, wenn
sie allzeit mit undeutlicher Erkenntniß verbunden ist.
Nur mit der Vernunft können wir den Zusammenhang der Dinge, und das, was durch diesen Zusammenhang nothwendig und eine Verbindlichkeit wird,
übersehen. Sie muß herrschen, wie lebendig und
wirksam auch unser moralisches Gefühl seyn mag;
und je stärker die Winde sind, welche die Segel fül-
len, desto nöthiger wird sie am Steuerruder. Die
besten Empfindungen werden leicht unordentlich, weil
die Dunkelheit der Vorstellung des Guten und Bösen leicht in eine Unrichtigkeit derselben ausarten
kann, oder auch weil die Grade derselben den Graden dessen, worauf sie gerichtet werden, nicht gemäß,
sondern bald stärker, bald anhaltender sind, als sie
seyn sollten. Je weniger wir uns also unsern Empfindungen überlassen, je weniger uns sinnliche Begierden und Abneigungen regieren, desto leichter werden wir gute Gelegenheiten, ohne uns zu verirren,
entdecken, und sie desto glücklicher, ohne in ihrem

Ge-

Gebrauche zu fehlen, zu unserm wahren Vortheile
anzuwenden wissen.

Allein wie wir zu allen moralischen Vollkom=
menheiten nur durch viele und verschiedne Stufen,
und auch nicht ohne oft auszugleiten und wieder
aufzustehen, empor kommen können, gleich Kindern,
die nicht mit Sicherheit gehen lernen, ohne oft ge=
strauchelt zu haben; also werden wir, ungeachtet
des ernstlichen Bestrebens, diese Regeln zu beobach=
ten, dennoch viele vortreffliche Veranlassungen zur
Erfüllung unsrer Pflichten vernachläßigen. Soll uns
nun dieses Straucheln nicht zum Nachtheile gereichen;
so müssen wir von jedem Falle aufstehen, und seltner
fallen: und wünschen wir dieses; so müssen wir uns
einer lebendigen und heilsamen Erkenntniß unserer
Fehltritte, und der von uns verabsäumten guten Ge=
legenheiten befleißen. Dieses ist das Amt des Ge=
wissens, welches nicht allein über unsre noch bloß
möglichen oder angefangnen, sondern auch über die
schon vollendeten Handlungen unpartheyisch, und mit
völliger Freyheit entweder für uns oder wider unsre
Eigenliebe urtheilen soll, nachdem es unsre Thaten
verdienen. Je wachsamer und zärtlicher solches ist;
je freymüthiger es uns begangne Fehler vorhalten,
und uns zeigen darf, in welchen Fällen wir zu
pflichtmäßigen Thaten veranlaßt wurden, ohne sie

ver=

verrichtet zu haben, deſto vorſichtiger werden wir in
der Folge werden.　Der verſchuldete und unwider=
bringliche Verluſt guter Gelegenheiten und aller ihrer
glückſeligen Folgen wird uns kränken, je deutlicher
unſre Erkenntniß davon wird, und je ernſtlicher noch
immer unſre Luſt zur Tugend iſt, deſto eifriger
wird uns eine ſolche ſchmerzhafte Empfindung ma=
chen, einem neuen Verluſte durch alle nur mög=
liche Aufmerkſamkeit und Gegenwart des Geiſtes vor=
zubeugen.

Nichts, was zur Beförderung der moraliſchen
Güte und Glückſeligkeit des Menſchen unternommen
wird, bedarf einer Belohnung.　Aber wie glücklich
wären nicht die Stunden, worinn dieſe Betrach=
tungen gedacht wurden, angewendet, und wie theuer
belohnt, wenn ſie Sie, mein Bruder! bewegen
möchten, nicht allein aufmerkſam auf gute Gelegen=
heiten zu ſeyn, ſondern ſie auch, wegen des gro=
ßen Gewinns, den ſie verhißen, zu gebrauchen! —

Leben Sie wohl, mein Bruder! denken Sie
über dieſe groſſen Wahrheiten nach, und morgen
Nachts ſehen wir uns wieder.

Fünfte

Fünfte Nacht.

Gestern sprach ich zu Ihnen, mein Lieber! auf wel=
che Art Sie sich zu tugendhaften Fertigkeiten erheben
können; heute, ehe ich Sie weiter führe, muß ich
Sie die große Wichtigkeit lehren, daß Sie sich be=
mühen müssen, Ihre Einbildungskraft moralisch zu
machen.

Wenn ohne Vernunft keine Weisheit, ohne
Weisheit keine Tugend, und ohne Tugend keine
wahre Glückseligkeit möglich ist, die Vernunft
aber keine gefährlichere Bestreiterinn hat, als eine
unordentliche, zerrüttete, oder unbeherrschte Phan=
tasie: so muß in Absicht, theils auf unsre Sitten
und Handlungen, theils auf unsern innern regelmäßi=
gen Karakter außerordentlich viel darauf ankommen,
wie diese zwar unedlere, aber gemeiniglich sehr leb=
hafte und mächtige Kraft unsrer Seele beschaffen
ist. Das Herz kann nicht moralisch seyn, wenn es
nicht die Einbildung ist. Man könnte fast aus
allen unsern Handlungen und Endzwecken beweisen,
daß sie die meisten Begierden erweckt oder anfeuert,
und sich fast in jeden Umstand unsrer Thaten und

Ver=

Vergnügungen einmischt. Ist sie regelmäßig und auf
das gerichtet, was eine wirkliche Größe, eine
wahre, und besonders eine moralische Schönheit
hat: so werden es auch diese seyn. Ist sie aber
verderbt: wie weit wird nicht die Unordnung der
Leidenschaften gehen, die sie beherrscht? Welche las-
sterhaften Handlungen wird sie nicht zur Wirklichkeit
bringen, so bald diese gewohnt sind, keinen andern
Weg zu gehen, als den, den sie vorschreibt? Wer
also nach der wahren Vollkommenheit der menschlichen
Natur streben will, der würde die Aufrichtigkeit
seines Vorsatzes verdächtig machen, wenn er die
Verbesserung seiner Imagination nicht für eine nothwendige Pflicht halten wollte.

Diese Kraft hat Wirkungen von manchfaltiger
und verschiedner Art. Die Sinne sind es, die, als
die Canäle aller Erkenntniß dem Verstande die ersten
Vorstellungen, und durch sie dem Herzen die ersten
Empfindungen mittheilen. Beide sind der rohe Stoff,
welcher der Seele zur Bearbeitung dargeboten wird.
Sie müssen deßwegen in dem Verstande fortdauern,
und, wenn sie ihrer nöthig hat, wieder hervorgebracht werden können, oder er würde einem Spiegel
gleichen, aus welchem die Abbildungen körperliche
Gegenstände mit der Gegenwart derselben so schnell,
und so völlig verschwinden, daß auch nicht die schwäch-

ste

ste Spur einiges Eindruckes darinn zurückbleibt.
Allein wie die Seele, ungeachtet das Gegentheil von
Philosophen behauptet wird, die nicht tief denken,
selbst bey dem ersten Ursprunge unsrer Ideen und
Empfindungen mehr thätig, als leidend ist: so
ist es auch mit der Erhaltung und Fortdauer derselben beschaffen. Die Einbildung bemächtigt sich ihrer, nimmt ihnen ihre natürliche Flüchtigkeit, über-
giebt sie dem Gedächtniße und der Erinnerung,
stärkt sie durch die Wiederholung, und erhält selbst
diejenigen, die wegen der Unmerklichkeit ihres schwä-
chern Eindruckes dem Bewußtseyn zu entfliehen scheinen. Man erstaunt oft, Gedanken und Bilder entspringen zu sehen, die das Ansehen haben, neu und
noch nie von ihr gedacht zu seyn. Das Erstaunen aber
würde aufhören, wenn man sich nur bewußt werden
könnte, was jedesmal mit unsern deutlichen Vorstellungen für dunklere Ideen und Empfindungen verknüpft wären.

Kaum zeigt sich den Sinnen ein äußerlicher
Gegenstand, der mit schon einmal empfundenen sinnlichen Ideen verwandt ist, oder auch nur einige entfernte Beziehung darauf hat: so ruft die unaufhörlich arbeitende, nimmer ermüdete Phantasie dieselben zurück. Die Seele wird sich dessen bewußt, was
sie schon einmal gesehen, empfunden, bewundert,

be-

begehrt oder verabscheuet hat; zum wenigsten denkt
sie eben das wieder, wenn auch das Bewußtseyn
des vorigen ähnlichen Zustandes fehlen sollte. Indeß ist es der Einbildung unmöglich, die vorigen
Ideen und Empfindungen ganz unverändert zu lassen. Sie müssen, so zu sagen, ihr Gepräge annehmen, und man wird sie, durch die Hilfe einer
sorgfältigen Aufmerksamkeit, immer an einiger Veränderung, wie unmerklich sie auch seyn mag, als
erneuert und wiederempfunden erkennen können.

Fast alle äußerlichen Gegenstände, welche uns
zuerst durch die Werkzeuge der Empfindung vorgestellt worden sind, gewinnen oder verlieren bey ihrer
Wiedervorstellung durch die Phantasie; sie erscheinen
beynahe niemals in ihrer ersten Gestalt. Entweder
zeigt sie dieselbe mehr im Schatten oder in einem
glänzenden Lichte. Sie setzt hinzu; sie nimmt hinweg; sie vergrößert oder verkleinert. Bald verschönert sie und mindert das Widrige, was gewisse Gegenstände bey ihrem ersten Anblicke hatten; bald entkleidet sie auch dieselben von den Reizungen, wodurch sie sich unsers Beyfalles oder unsrer Bewunderung bemächtigten. Sie läßt uns unbekannte
Seiten daran entdecken, die uns mißfallen; selten
aber bekümmert sie sich, ob die Veränderungen, die

sie

sie mit ihnen vornimmt, mit der Natur der Dinge
selbst übereinstimmen oder nicht.

Keine Kraft der Seele ist unruhiger und wirk-
samer, als sie; sie verschaft ihr einen unerschöpf-
lichen Ueberfluß von Ideen, wenn die Sinne von
ihrer Arbeit ermüden, oder wenn die bedächtigere
Vernunft auf dem Wege des Nachdenkens nur lang-
same Schritte thut, aus Furcht, sich in dem weit-
läuftigen Gebiete eigner Vorstellungen zu verirren,
und sich, wenn sie sich einmal unter betrügerischen
Träumen verloren hätte, nicht zur Wahrheit zurück-
finden zu können, die das einzige Ziel aller ihrer
Nachforschungen seyn sollte.

Die Phantasie gehört zwar zu den niedrigern
Vermögen des menschlichen Geistes; sie ist aber doch
eine von seinen nützlichsten Kräften, wenn die Vernunft nur einige Gewalt über sie hat.   Weil durch
sie unsre Gedanken bis ins Unendliche verändert und
vervielfältiget werden: so ist sie die Quelle aller Erfindungen.   Wie enge würden nicht die Grenzen unsrer Erkenntnisse seyn, wenn sie uns nicht neue Aussichten öffnete, und den Umkreis derselben erweiterte!
Selbst die ernsthaftesten Wissenschaften, die bloß die
Furcht eines tiefsinnigen Nachdenkens zu seyn scheinen, gewinnen durch sie.   Es hat niemals ein Genie

nie gegeben, das nicht auch von ihren Einflüssen
begeistert worden wäre, und besonders haben dieje-
jenigen, die man schöne Geister zu nennen pflegt,
ihr fast alles zu danken. Sie darf sich rühmen, die
Entdeckung vieler Wahrheiten befördert zu haben,
obgleich die Irrthümer und ungegründeten Meinungen zahlreicher sind, die durch ihre Verblendungen
zu entstehen pflegen. Sie hat ohne Zweifel einem
Newton die Lichtstralen zergliedern helfen; sie hat
aber einen noch größern Antheil an den Wirbeln des
Cartesius.   :

Die Ideen, mit denen uns die Einbildung bereichert, sind sinnlich, weil sie aus sinnlichen Empfindungen entspringen. Weil aber die ihrigen durch
die Veränderung der ersten entstehen, so haben ihre
Gegenstände in der Gestalt, die sie ihnen giebt, keine Wirklichkeit, wenn sie ihnen nicht durch die Kräfte des Menschen gegeben wird. Da nun die Sehn-
sucht nach Vergnügen der herrschende Grundtrieb unserer Seele ist, so beschäftigt sich die Phantasie vor-
nemlich mit dem, was angenehme Eindrücke auf die
Sinne gemacht hat. Der Beweis davon sind alle
Künste, welche nicht die bloße Nothwendigkeit erfunden hat; welche vielmehr die Bequemlichkeit und
Anmuth des Lebens zum Endzwecke haben. Eben deßwegen sind auch die Vollkommenheiten, die außer

den

den Grenzen der Sinne durch die höhern Kräfte der
Seele durch Nachdenken und Vernunft entdeckt werden, nicht das nächste und unmittelbare Objekt der
Einbildung. Die Wahrheit und das moralische Gute
machen wenig Eindruck auf sie, und sie würden sie
gar nicht rühren, wenn sie nicht immer einige Aehn-
lichkeiten mit sinnlichen Gegenständen, oder doch
selbst sinnliche Wirkungen hätten, die durch die
Empfindung auf uns wirken können. Weil sie aber
eben dadurch dem, was bloß Geist und Seele ist, so
zu sagen, einen Körper geben kann: so haben auch
die Vernunft und Tugend außer ihren wahren und
wesentlichen Vergnügungen seiner Leidenschaften an-
feuern, ob sie gleich keine andere Wirklichkeit haben,
als diejenige, die ihnen die Zauberey einer verderb-
ten Phantasie giebt.

Indeß beschäftigt sich die Einbildung nicht allein mit angenehmen Vorstellungen. Sie erneuert,
wenn sie dazu durch äußerliche Veränderungen unsers
Zustandes veranlaßt wird, auch alle Arten unangenehmer Ideen, und wird dadurch eine reiche Quelle
des Verdrußes und Mißvergnügens: denn wie viele
Unruhen, Sorgen und Uebel, die den Menschen be-
schweren, und sein Leben verbittern, das glücklich
seyn könnte, haben nicht ihren einzigen Grund in
der Einbildung! Indeß macht sie doch nicht alles

Un-

Unangenehme, deſſen Vorſtellung ſie wieder in uns
erweckt, noch unangenehmer, als die Idee deſſelben
bey dem erſten Eindrucke war. Zuweilen vermindert
ſie es; zuweilen verſchwindet es ganz durch die Veränderung, die ſie damit vornimmt. Sie weis uns
ſogar durch daſſelbe zu vergnügen, wenn ſie es nicht
als gegenwärtig vorſtellt, weil die Zufriedenheit darüber, daß wir von einem Uebel nichts befürchten
dürfen, ſchon allein ein ſehr angenehmer Zuſtand unſerer Seele iſt.

Was ſinnlich iſt, rührt uns entweder durch die
Größe, die wir daran bemerken, oder durch ſeine
Neuheit und Ungewöhnlichkeit, oder durch die Ordnung, Regelmäßigkeit und Schönheit, die wir an
den vorgeſtellten Gegenſtänden wirklich wahrnehmen,
oder wahrzunehmen glauben. Hierinn liegt der
Grund von dem beſondern und unterſcheidenden Karakter der Einbildung und ihrer Wirkungen bey ver-
ſchiednen Menſchen. Niemand wird von dieſen Eigenſchaften gleich ſtark gerührt; eine wirkt immer
nach der ihm eigenthümlichen Einrichtung ſeiner Seele, und, wenn ich mich ſo ausdrücken darf, nach
der Stellung, die er in der Welt hat, heftiger
und länger auf ihn, als die andere. Nach dieſem
lebhaftern oder ſchwächern Eindrucke richtet ſich die
Phantaſie in ihren Beſchäftigungen. Bey einigen

liebt

liebt sie alles, was groß ist, bey andern alles,
was durch eine wirkliche oder angedichtete Schönheit
schmeichelt. Diese Verschiedenheit wird sich in allen
Unternehmungen der Menschen äußern, besonders
aber in den Geschäften, oder Künsten, die sie wählen. Ein Baumeister kann die Theorie von allem
kennen, was zur Größe und Pracht eines Gebäudes
gehört; er wird aber vornehmlich nur auf das Zier-
liche und Angenehme desselben denken, wenn das,
was groß ist, seine Einbildung nur mit einer
schwachen Erschütterung bewegt, eben so, als ein
Staatsmann mehr auf die Verschönerung und den
blühenden Zustand, als auf die Erweiterung eines
Reichs denken wird, und zwar nicht bloß aus
Pflicht, sondern auch aus Neigung, wenn er
mehr von den Vorzügen der Ordnung und Regelmäßigkeit, als von dem gerührt zu werden pflegt,
was zum Erstaunen fortreißt.

Ich darf nicht weitläuftig erinnern, daß in
Absicht auf den moralischen Karakter des Menschen
viel daran gelegen ist, ob das Große, das Wunderbare, besonders dasjenige, welches besonders nur
aus der Neuheit oder Seltenheit entspringt, und
das Schöne, wodurch seine Einbildung in Bewegung
gesetzt wird, diesen Namen verdient, oder ob es
bloß scheinbar, und eben deßwegen eitel ist. Der
Un-

Unterſchied iſt in den Folgen bis zum Erſtaunen
wichtig, und durch ihren Einfluß in die allgemeine
Wohlfarth allezeit um ſo viel wichtiger, je mehr ein
Menſch, wegen ſeiner äußerlichen Umſtände auf das
Ganze wirken kann.   So kann der Eindruck, den
die romanhaften Thaten eines Alexanders und die
noch romanhaftern Beſchreibungen derſelben auf eine
feurige Einbildung zu haben pflegen, aus einem
Prinzen noch immer einen Weltverwüſter und einen
Phalaris ſeines Volkes machen, gleichwie ein glücklicher Anblick und Eindruck der wahren Größe einen
Titus, oder einen Heinrich den Vierten aus ihm
bilden kann.   Hätten diejenigen, die nach dem
Ruhme ſtrebten, groſſe Geſchichtſchreiber und Dichter zu ſeyn, dieſe Anmerkung gemacht, ehe ſie ihre
Werke ausarbeiteten, ſo würden wir keinen Curtius
haben, oder er hätte die ſtillern, ruhmwürdigern,
obgleich minder berühmten Thaten eines friedfertigen
Königes beſchrieben.   Er wäre vielleicht weniger ge-
leſen worden, aber er hätte nie geſchadet.

Die Leidenſchaften und die Phantaſie ſtehen in
einer genauen Verknüpfung, und zwar durch eine
unmittelbare und gemeiniglich ſehr lebhafte Einwirkung aufeinander. Indeß erzeugt doch dieſe, wenn
man genau reden will, die Leidenſchaften nicht, aber
ſie nährt ſie, ſie entflammt ſie, ihren Gegenſtand

F   aus

anhaltender und hitziger zu verfolgen. Einbildungen haben beynahe die Folgen, als wirkliche Empfindungen, und oft sind ihre Wirkungen nicht allein heftiger, sondern auch dauerhafter. Wirkliche Empfindungen setzen den Menschen in einen angenehmen oder unangenehmen Zustand, und dadurch reizen sie seine Wirksamkeit, sich entweder darinn zu erhalten, oder davon zu befreyen. Einbildungen thun eben dieses. Man erwacht fast so ungern aus einem schönen Traume, als man sich in dem Genuße eines wirklichen Glückes stören läßt.

Alles das sind Erfahrungen, an welche man die Menschen erinnern muß, nicht allein, weil sie so erwogen werden, als sie ihrer Wichtigkeit wegen in Betrachtung gezogen zu werden verdienen, sondern auch, weil sich die Regeln darauf gründen, welche beobachtet werden müssen, wenn die Kraft der Einbildung zu einer moralischen Vollkommenheit erhöht werden soll.

Soll die Kraft der Einbildung eine moralische Vollkommenheit werden: so ist nöthig, daß man sie und ihre Wirkungen mit der wesentlichen Bestimmung unsrer Natur und mit dem letzten großen Endzwecke aller ihrer Kräfte in eine genaue und freundschaftliche Harmonie zu bringen suche. Sie

muß

muß also mit diesen in einem richtigen Verhältniße
stehen, und ob es gleich in der Mischung derselben
mit ihnen unendliche Mannchfaltigkeit giebt, welche
mit den grossen Absichten unsers Urhebers bestehen
kann, und mit andern Ursachen behilflich ist, un=
zahlbare schöne Abänderungen in dem Karakter der
Rechtschaffenheit und Tugend zu bilden: so darf
sie doch keine von den übrigen Kräften unsrer Seele
in einem solchen Grade überwiegen, daß sie durch
dieselbe entweder in eine völlige Unthätigkeit versetzt,
oder gar gehindert würden, das Ihrige zur wahren
Vollkommenheit unsers Wesens beyzutragen. Es
müssen also die Regeln, derer Beobachtung die
Phantasie moralisch machen soll, einen zweyfachen
Endzweck haben, ihre Fehler müssen dadurch verän=
dert, ihre guten und löblichen Eigenschaften aber
vermehrt und erhöht werden.

Wer die Fehler seiner Imagination ändern will,
der wird folgende sehr ernsthafte und wichtige Un=
tersuchungen über sich selbst anstellen müssen: Ist
die meinige in ihren Wirkungen bloß feurig, oder
ist sie heftig und unaufhaltsam? Ist sie unstät, um=
herschweifend, und veränderlich? Verfolgt sie einen
Gegenstand zu lange, oder ist sie zu ungeduldig,
als daß sie sich, selbst wenn es nöthig ist, die ge=
hörige Zeit dabey aufhalten könnte? Ist sie betrü=

gerifch und verblendend in ihren Ideen? Vergrößert,
verkleinert fie, oder kommen die Bilder, die fie ents
wirft, in ihren Zügen mit der Natur der Dinge
überein, worauf fie fich beziehen? Es ift freylich
unmöglich, fie moralifch zu machen, wenn man we=
der die Neigung noch den Muth hat, diefe Fragen
zu thun, und noch weniger Luft und Herzhaftigkeit,
fich diefelben unpartheyifch zu beantworten.

Ift die Einbildung in ihren Wirkungen allzu
feurig; fo muß man alles unterlaffen, was ihre
Lebhaftigkeit vermehren und in noch ftärkere Flam=
men entzünden kann. Man muß, um ihre unordent=
liche Heftigkeit zu dämpfen, andre Kräfte der Seele
in eine ftärkere und anhaltendere Bewegung zu fetzen
fuchen. Denket mehr mit der Vernunft, als
mit der Phantafie, und, was noch kräftiger ift,
vergeßt nicht, daß ihr mehr zu einem thätigen als
denkenden Leben beftimmt feyd: fo werdet ihr
euch feltner mit angenehmen oder verdrüßlichen Träu=
men befchäftigen dürfen. Es verhält fich mit den
Kräften der Seele, wie mit den Nerven des Körs
pers. Wenn man fie nicht immer anftrengt, fo er=
fchlaffen fie.

Es ist ein großes Unglück, eine unstäte und umherschweifende Einbildung zu haben. Denn sie macht leichtsinnig, unbedächtig und in allen Unternehmungen flatterhaft. Ein Mensch, der daran krank liegt, kann sich wohl an eine große und edle That wagen; er kann aufrichtig entschlossen seyn sie auszuführen; er kann auch einen glücklichen Anfang gemacht haben, und dennoch nichts vollenden, weil ihn seine veränderliche Phantasie zwingt, von einem Gegenstande und Ziele seiner Thätigkeit zum andern zu eilen.

Weil es der Einbildung natürlich ist, alles zu verändern und in neuen und ungewöhnlichen Gestalten zu zeigen, Möglichkeiten zu erfinden, und ihnen das Ansehen von Wirklichkeiten zu geben, wodurch die Leidenschaften erhizt werden, chimärischen Gegenständen nachzujagen: so muß man sich bestreben, die Vernunft zur herrschenden Kraft seiner Seele zu machen, damit man alle Anschläge der Phantasie verwerfe, die nicht von ihr gebilligt werden. Die Vernunft untersucht; sie befriedigt sich nicht mit dem bloßen Scheine, wie sehr er auch schimmern mag. Unsre Einbildung mag vorzüglich auf das, was groß, oder auf das, was wunderbar, oder auf das Angenehme und Schöne gerichtet seyn; wenn die Vernunft herrscht: so wird sie uns nach keiner

fal-

falschen Größe streben, sie wird uns nie in unsern
Absichten und Unternehmungen romanhaft werden
lassen; sie wird uns auch verborgne Häßlichkeiten
entdecken helfen, und unser Ohr vor der Stimme
betrüglicher und gefährlicher Sirenen verschließen.

Damit wir der Vernunft ihre Herrschaft über
uns erleichtern: so ist es nöthig, sich allezeit seiner ganzen Bestimmung, aller seiner höhern und geringern Endzwecke, und besonders der Ordnung,
in welcher sie wirken müssen, mit einer lebhaften
Deutlichkeit bewußt zu bleiben, damit man alle innerlichen und äußerlichen Veränderungen seiner selbst
und seiner Umstände in eine richtige und genaue
Verknüpfung mit seinen Pflichten bringen könne.
Durch die Hilfe dieses Bewußtseyns wird es uns
leicht fallen, die Wirkungen der Phantasie zu mäßi-
gen; ihre Anschläge zu prüfen; zu sehen, ob sie mit
dem ganzen Zusammenhange unsrer Schuldigkeiten
bestehen können, zu sehen, ob sie ihre Erfüllung erleichtern, oder ob sie dieselben bestreiten, und wenn
sie dieses thun, sie in uns zu unterbrücken, und
ihre Fortdauer zu verhindern. In dieser Absicht
muß man sich beständig erinnern, was unsre allgemeinen, und besondern Verbindlichkeiten von uns fodern; was in der Welt der Mensch, der Bürger
und der Patriot in den verschiednen Ständen und

Lebens-

Lebensarten der Gesellschaft, was vornehmlich der
Christ und der Unsterbliche zu thun hat.

Die wahre Glückseligkeit des Menschen auf der
Erde besteht mehr in dem stillen und ruhigen Vergnügen des Herzens über die Gewißheit, daß man
sich nicht vorsetzlich von dem Wege seiner Pflichten
entfernt hat, als in sinnlichen und rauschenden Freuden. Damit nun die Einbildung sich nicht zu stark
mit diesen beschäftige, und besonders dem Laster
mehr Reiz und Lust andichte, als von dem Genuße
seines Giftbechers erwartet werden kann: so muß
man seine Sinnlichkeit dämpfen. Man muß sich
das Glück des Tugendhaften immer in seiner schönsten Gestalt vorzustellen suchen; man muß die Beschäftigung seines Verstandes so einrichten, daß die
Idee dieses Glücks immer lebhafter wird.

Aus diesen allgemeinen Vorschriften, mein Bruder! lassen sich viele besondere Regeln herleiten. Derjenige wird sie leicht finden, dem es ein
Ernst ist, seiner Seele, besonders durch die Hilfe
der Religion, die wahre Vollkommenheit und Würde
zu geben, die sie empfangen kann. Andern werden
auch die deutlichsten und leichtesten Regeln nichts
nützen, weil sie in der Unordnung und Empörung

gegen

gegen alle moralifchen Borfchriften ihren Ruhm und
die Freude ihres Lebens fuchen.

. Alles was ich Ihnen bisher gefagt habe, lieber Bruder! zielt dahin, Sie ihrem Endzwecke näher zu führen, und Sie ehevor mit den wichtigften
Wahrheiten bekaunt zu machen.

Eine Tugend, die Ihnen unentbehrlich ift, ift
die Befcheidenheit und die Demuth. Die Gelehrten
der Welt kennen diefe Tugend nicht, daher ihr
Stolz, der fie von der Weisheit entfernt; Sie follen die Würde und die Hoheit diefer Tugenden kennen lernen, mein Bruder! denn fie find die, die
den Menfchen an die Pforten des Heiligthums führen. Hören Sie mir zu.

Der Stolz beraubt die vortreflichften Gaben
des Genie's, und die edelften Eigenfchaften des Herzens ihrer wahren Hoheit, und wenn er groffe Handlungen, wenn er wirkliche Verdienfte begleitet, fo
kann er uns zwar Bewundrung, und zuweilen felbft
eine fklavifche Ehrerbietung und Unterwürfigkeit ab-
nöthigen, wofern ihn die Vorzüge des Standes, der
Macht und des Reichthums furchtbar machen; aber
vergebens wird er die Freude erwarten, die aus einer aufrichtigen und willigen Hochachtung und Liebe

                                                    fei-

seiner Nebenmenschen entspringen. Diese sind, so zu
sagen, Blumen, die nur unter dem milden und er-
frischenden Schatten einer wahren Bescheidenheit
und Demuth aufblühen; sie verwelken und sterben
in der mittägigen Hitze des Stolzes. Wirkliche
Vorzüge können einen Hochmüthigen vieleicht vor
unsrer Verachtung; aber niemals vor dem gemeinen
Hasse des menschlichen Herzen schützen. Denn welches Herz hat nicht einen verborgnen Hang zum
Stolze, der zwar durch die Tugend beherrscht, aber
niemals völlig ausgerottet werden kann. Wird nicht
dieser Hang erwachen, wenn er durch die Ungerechtigkeit eines andern Stolzes beleidigt und gekränkt
wird? Aber es ist leicht, ihn zu unterdrücken, wenn
der Glanz grosser Vorzüge durch Sittsamkeit und
Demuth gemildert wird. Welches Herz, wenn nicht
ein niederträchtiger und boshafter Neid seine herrschende Leidenschaft ist, wird ihrem Eindrucke widerstehen, so bald sie sich unsrer Hochachtung nicht auf-
dringen, wenn sie uns vielmehr das Verdienst lassen, zu glauben, daß wir gerecht gegen sie sind,
ohne daß sie uns nöthigen, gerecht zu seyn; wenn
sie uns die Macht nicht nehmen, sie eben so sehr
zu lieben, als wir sie bewundern?

    Man darf zur Ueberzeugung von dieser Wahr-
heit nur richtige Begriffe von diesen liebenswürdigen
                         Tugen-

Tugenden haben. Aber die meisten kennen sie mehr
durch die Empfindung, die nicht vor allem Betruge
sicher ist, als durch eine deutliche Einsicht, die allen noch betrüglichen Verblendungen des äußerlichen
Scheins widerstehen kann. Der Stolz empört zu
sehr, als daß er es wagen dürfte, sich allezeit und
überall in seiner eigentlichen Gestalt zu zeigen; er
wird der Bescheidenheit oft um so viel ähnlicher,
je feiner er ist. Es giebt eine Herablassung, wodurch er einer gemeinen Aufmerksamkeit unsichtbar
wird, eine falsche erdichtete Gleichgiltigkeit gegen
die Vorzüge, die ihn aufblähen, eine solche Ableh-
nung der ihm schuldigen Achtung von sich, wodurch
man der Gefahr ausgesetzt werden kann, zu glauben,
daß er wirklich zuviel Achtung und Ehrerbietung von
uns zu erhalten fürchte; aber alles dieses ist nur
Staub, den er um sich her aufwirft, damit wir
uns überreden sollen, daß diese Wolke von Staub
mehr verberge, als wir sehen würden, wenn unser
Auge durch dieselbe durchdringen könnte. Endlich
verräth sich freylich auch die künstlichste und sorgfältigste Verstellung; es giebt scharfsichtige Augen,
die nur auf eine Zeitlang getäuscht werden können,
und dann wird man, gegen den Stolz um soviel
unwilliger und aufgebrachter, je vorsichtiger er sich
zu verbergen suchte; indeß beweisen doch seine
Bemühungen, sich in das Ansehen der Bescheidenheit

heit zu verkleiden, wie liebenswürdig und einneh-
mend diese Tugend selbst seyn müsse.

Es ist dem Stolze weit schwerer demüthig zu
scheinen. Man braucht deßwegen weniger Scharf-
sichtigkeit, eine falsche Demuth als eine falsche
Bescheidenheit zu entdecken. Denn er hält entweder die Demuth für gar keine Tugend, und so
wird er sie nicht einmal affektiren wollen, oder er
macht sich einen gar zu irrigen Begrif von derselben. Er wird sich einbilden, daß man für demüthig
gehalten werden müsse, entweder wenn man das
Bewußtseyn seiner Vorzüge zu verheelen suche, oder
wenn man scheine verächtlich und geringschätzig davon zu denken. Aber man kann es empfinden und
wissen, daß man Vorzüge vor andern hat; man
braucht nicht einmal dieses Bewußtseyn zu verbergen; oft soll man es sogar zeigen; es giebt Umstände und Gelegenheiten, wo es zu unsern Pflichten gehört, ohne daß man sich den Vorwurf machen, oder ihn befürchten darf, daß es uns an der
gehörigen Demuth fehle.

Die Bescheidenheit besteht theils in einem unpartheyischen Urtheile über die Beschaffenheit und
das Maß unsrer Vorzüge und Verdienste, und zwar
sowohl außer ihrer Beziehung auf andre, als in dem

Ver-

Verhältniße gegen die Vorzüge unsrer Nebenmenschen,
theils in einer regelmäßigen Einrichtung unsrer Handlungen nach diesem gerechten Urtheile. Da es verschiedne Arten der menschlichen Vorzüge giebt , so
irrt sich der Bescheidne nicht in dem richtigen Unterschiede derselben; er eignet einem jeden den Werth
zu, den er wirklich hat. Da aber auch alle Vorzüge verschiedne Grade zulassen, so läßt er sich von
den Vergrößerungen der Eigenliebe nicht blenden; er
weis, oder er bestrebt sich doch aufrichtig, die Stufe zu kennen, worauf er steht; eine Einsicht, die
in alle seine Handlungen den gehörigen Einfluß hat.
Gleich richtig urtheilt er über die Verhältnisse seiner
Vorzüge gegen die Vorzüge seiner Nebenmenschen.
Er wägt ihren Werth gegen den seinigen ohne Par-
theylichkeit und Ungerechtigkeit ab, und weil es einer gewissenhaften Aufmerksamkeit immer leichter ist,
sich, als andre zu kennen: so läßt er seine Waagschale lieber zu seinem eignen Nachtheile, als zum
Nachtheile seiner Nebenmenschen sinken.

Alle Vorzüge, die ein Mensch besitzen kann,
sind entweder solche, die aus den äußerlichen zufälligen Umständen desselben entspringen, oder Gaben des
Genie's, oder Folgen, theils des Temperaments,
theils einer glücklichen Erziehung und Unterweisung,
oder endlich moralische Vorzüge, die in unsern tu-

genb-

genthaften Gesinnungen und Handlungen gegründet,
und Wirkungen einer gutgebrauchten Freyheit sind.
Nur der wahre Bescheidne kennt das, was die wahre Größe und Hoheit der menschlichen Natur ausmacht. Die Welt nennt einmal Geburt, Ansehen,
Macht, Reichthum und Rang Vorzüge, und er läßt
ihnen diesen Namen, weil er allgemeine Meinungen
nicht ändern kann; eigentlich aber hält er sie nur
für Mittel, wahre Vorzüge zu erlangen, weil sie
guten Neigungen die Freyheit verschaffen, sich in
Thaten zu verwandeln. Diese legt er niemals in
die Waagschale, wenn er seinen Werth wissen will;
besonders nicht, wenn er sich mit andern vergleicht.
Denn kömmt es auf den Entschluß des Menschen
an, edel und groß, oder ein reicher Erbe gebohren
zu werden? Es ist freylich kein Stolz gemeiner,
als der sich auf solche äußerliche Vorzüge gründet;
jedoch ist auch keiner lächerlicher und verächtlicher,
als er. Aber wie nun, wenn sie der Bescheidne
nach den Foderungen der Tugend gebraucht hat?
Alsdann ist schon die Rede nicht mehr von ihnen,
sondern von den sittlichen Vorzügen desselben. Jedoch, ein Mensch darf nur mittelmäßig gut denken,
so wird es ihm so gar viel Mühe nicht kosten, den
Stolz über Vorzüge, die so wenig in unsrer Gewalt sind, zu überwältigen, ob ich gleich nicht weiß,

warum

warum denen, die von edler Geburt sind, der Kampf
mit dieser Eitelkeit besonders schwer wird.

Die Gaben des Genie's, und die Folgen, theils
eines guten Temperamentes, theils einer glücklichen
Erziehung und Unterweisung scheinen dem Menschen
mehr zuzugehören; sie entspringen so zu sagen auf
seinem eignen Boden; grosse und seltne Eigenschaften des Verstandes, die Geschwindigkeit, die Erfind-
samkeit, der Tiefsinn desselben, ein hoher Grad des
Witzes, eine starke und lebhafte Einbildungskraft, eine
natürliche Gutartigkeit, die Lebensart, die äußerliche Wohlanständigkeit und eine gewisse Anmuth,
die alles beseelt und schmückt, was man sagt und
thut, gewisse weitläuftige Erkenntnisse, und selbst
gewisse schätzbare Eigenschaften des Willens, die
man freylich nicht besitzen könnte, wenn es an Erziehung und Unterweisung gefehlt hätte, die doch
aber immer Beschaffenheiten der Seele selbst sind:
sollten diese mit den Vorzügen, die ihren Grund in
äußerlichen zufälligen Umständen des Menschen haben, in eine Reihe gesetzt werden? Unstreitig nicht,
wenn sowohl ihre Natur, als ihr Nutzen in Erwä-
gung gezogen wird. Und doch dürfen wir sie nicht
mit in Rechnung bringen, wenn wir untersuchen,
entweder wie viel wir in unsern Augen werth sind,
oder was wir für Achtung von andern erwarten

dür-

dürfen. Man könnte ein Voltäre seyn; dürfte man
sich aber deßwegen vor dem Richterstuhle der Vernunft und des Gewissens, über einen frommen Paul
Gerhard hinwegsetzen? Der Bescheidne ist überzeugt, daß derjenige, der sich solcher Vorzüge rühmen kann, glücklicher und fähiger zu grossen Thaten, aber darum nicht besser sey, als andre, denen
sie versagt sind. Er hat mehr Verbindlichkeiten zu
erfüllen. Aber erfüllt er sie? Dieß ist die Frage,
die entschieden werden muß. Ein Mensch besitze
noch so viele Vorzüge dieser Art; wenn er nicht aus
dieser Materie durch eine pflichtmäßige Bearbeitung
schönere Tugenden bildet, als andre, denen es an
einem so kostbaren Marmor fehlt; so werde ich ihn
bewundern; ich werde ihn auch wohl andern vorziehen, aber so wie ich einen Baum bewundre, der
wegen seiner natürlichen Beschaffenheit edlere Früchte
trägt, als ein Baum von geringrer Art; ihr Geschmack wird mich entzücken, und doch werde ich vielleicht sagen: Hier hat die Kunst des Gärtners nichts
gethan!

Es kömmt also bey einer richtigen Beurtheilung
unsers eignen Werths, besonders gegen den Werth
andrer Menschen, bloß auf wahre moralische Vorzüge an, die in der freyen Entschließung unsers
Herzens, sowohl nach unverwerflichen Grundsätzen,

als

als nach guten Absichten und Antrieben gegründet
sind. Je schwerer eine genaue Erkenntuiß derselben
ist, desto sorgfältiger wird der wahre Bescheidne sein
Ohr vor allen Eingebungen des Stolzes verschließen.
Besonders wird er sich nur selten, und allezeit mit
vieler Furchtsamkeit über andre als über einen muth-
willigen Lasterhaften hinwegsetzen, und er wird selbst
bey diesem die Vorsicht, ihn nicht zu tief unter sich
erniedrigen, lieber übertreiben, als daß er sich in
die Gefahr begeben sollte, ungütig und lieblos zu
denken. Bey andern wird er sich in seinen Urtheilen über den Werth und Grad ihrer moralischen Vor-
treflichkeiten zu irren fürchten; denn wie selten und
schwer ist nicht die Einsicht in die wahre Beschaffenheit fremder Entschließungen? Wer kann wissen, wie
frey, wie gewissenhaft, wie rein sie sind? Der Bescheidne verhält sich da wie ein Weiser bey einem
Rangstreite. Die Rangverordnung ist nicht deutlich
genug; der Vortritt kann ihm gebühren; aber er
will ihn lieber aufgeben, als einen Prozeß darüber
anfangen, den vieleicht sein Oberherr um so viel
weniger zu seinem Vortheile entscheiden möchte, je
hitziger er ihn geführt hätte.

Die Demuth ist eine Tochter der Selbsterkenntniß und eines lebendigen Gefühls seiner Abhängig-
keit von Gott, nicht allein in seinem Daseyn und
Wes

Wesen, sondern auch in allen seinen Kräften, Fähigkeiten und Handlungen.   Sie führt den Menschen
bis auf den ersten unendlichen Ursprung aller seiner
Gaben und Vorzüge zurück; sie überzeugt ihn, daß
sie ein geliehenes Gut sind.   Kann er damit als wie
mit einem Eigenthume umgehen? Wenn er eine Erhebung seiner selbst über andere darauf gründen wollte, würde er sich dann nicht eines Ruhms bemächtigen, der nicht sein ist, und einen Eingriff in das Ei-
genthum Gottes, seines unendlichen Wohlthäters thun?
Die Demuth, diese Tugend, die die heidnische Welt
nicht kannte, die auch niemand recht kennen und aus-
üben wird, der sein Herz nicht den Wirkungen der
Religion überläßt, hebt das Bewußtseyn seiner eignen
wirklichen Vorzüge so wenig auf, daß sie vielmehr in
dem Grade größer ist, in welcher dieses mehr Deutlichkeit und Gewißheit hat.   Der Demüthige ist weit
entfernt, niederträchtig und kleinmüthig von seinem
Werke zu denken, und doch ist es ihm unmöglich,
stolz zu seyn.   Daran verhindert ihn nicht allein die
Lebendige Erkenntniß, die er von dem Ursprunge seiner
Vorzüge und von seinem eigenthümlichen und natürlichen Unvermögen zum Guten hat, sondern auch das
ihm immer gegenwärtige Andenken von der göttlichen
Bestimmung der ihm dargereichten Gaben und unterscheidenden Fähigkeiten.   Wie konnte er sich erheben, da er sich bey seinen angelegentlichsten Bestre-

G   bun-

dungen nach derselben bewußt · ist, sie niemals völlig
zu erreichen? Versagt er sich nun den Stolz über
moralische Vorzüge, und dies ist noch der feinste Stolz,
und einem Helden verzeihbar, wo nicht rühmlich:
wie könnten ihn andre geringere, ihm noch viel weniger eigenthümliche Vorzüge aufblähen.

Zu diesen Wahrheiten, mein Bruder! die nicht
neu sind, die keine Erfindungen der Schwärmerey,
sondern, wie Sie sich selbst wesentlich überzeugen können, ewige Wahrheiten sind, die mit der Natur der
Dinge in ewigem Verhältniße stehen, müssen Sie auch
noch diejenigen hohen Begriffe hören, die die Weisen
von jeher in Rücksicht religiöser Ceremonien gehabt haben. Auch diese Begriffe sind nothwendig zum Zwecke.
Erwarten Sie hierüber nicht meine Gedanken, nicht
die Gedanken derjenigen, die ich sammelte, es sind
die Wahrheiten selbst, die im Innern der Natur liegen. Nur sehen Sie hier diese Wahrheiten im Zusammenhange vor sich, Edelgesteinen gleich, die man
aus den Schatzkammern der Weisheit holte, um sie in
eine Fassung zu bringen. Doch für heute ists genug.
Ihr nach Wahrheit forschender Geist muß nicht durch
zu viel überladen und ermüdet werden. Ich erwarte
Sie morgen wieder, und wenn die Stille der Nacht
uns zu heiligen Betrachtungen ruft, so wollen wir ihre
Stunden dem Gegenstande schenken, der ihre Aufmerksamkeit ganz verdient.   Sechste

Sechste Nacht.

Wenn wir vernünftig, mein lieber Bruder! über unser Seyn und Wirken nachdenken, so werden wir aus allem belehrt werden, daß wir sehr beschränkte Wesen sind, und nur stuffenweise zu unsrer Vervollkommnung steigen können. Eben diese Eigenschaften des Menschen sind die Ursachen, daß es für seine Beschränktheit Misterien oder Geheimnisse giebt. Nur stuffenweise entwickelt sich der menschliche Verstand, stuffenweis entwickeln sich seine Kräfte; er erkennt immer das, was er zuvor nicht wußte, und kömmt daher mit jedem Schritte der Erkenntniß, der Entwicklung eines Geheimnißes näher.

Betrachten Sie einmal die Wissenschaften der Welt, die Phisik, Mechanik ꝛc. Enthalten sie nicht Misterien für den, der kein Phisiker, kein Mechaniker ist?

Alles entwickelt sich in der Natur; so geht es auch mit den Kräften des Geistes, mit der Fortschreitung der Seele. Wahrheit und Weisheit lagen von jeher verborgen, und wählten diese Verborgen-

heit zum Aſyl gegen diejenigen, die ihrer nicht wür=
dig waren.

Es giebt kein Geheimniß in der Natur, das
muthlosmachende Unzugänglichkeit hat; nur liegt al=
les verſchleiert vor uns da, um den Willen in uns
rege zu machen, der Wahrheit nachzuſpüren, und
uns von dem niedern Zuſtande wieder zu erheben,
zu dem wir herabgeſunken ſind.

Die Religion hatte nie einen andern Zweck, als
die zwiſchen Gott, dem Menſchen und dem Univer=
ſum geſtörte Harmonie wieder herzuſtellen; den Men=
ſchen über die Kräfte und Eigenſchaften der Natur
zu belehren, und ihm ein ſinnliches Gemälde ſeines
Berufs und Zuſammenhangs mit der Kette der übri=
gen Weſen zu geben.

Einen ganz außerordentlichen und beſonders
merkwürdigen Vorzug hat unſere Religion vor allen
andern Religionen, indem der öffentliche Gottes=
dienſt, den ſie verordnet, ganz entweder in der Un=
terweiſung des Verſtandes, oder in der Erweckung
und Bewegung des Willens und ſeiner Leidenſchaften
zu einer vernünftigen und weiſen Einrichtung ſeiner
Handlungen beſteht.

Der

Der Vortrag solcher Wahrheiten, die entweder
als Vorschriften, oder als Gründe und Quellen derselben betrachtet, ganz moralisch sind, das Gebet,
der Preis der Gottheit und die Erinnerung unsrer
selbst an die grossen Pflichten der menschlichen Natur, dieses macht den öffentlichen Gottesdienst des
Christenthums aus. Bloß diese Beobachtung sollte
uns einen höhern Ursprung desselben als einen bloß
menschlichen vermuthen lassen, wenn man zumal be-
denkt, wie abgeneigt die Menschen sind, sich selbst
mit der Betrachtung moralischer Wahrheiten zu beschäftigen, oder sie andern anzurathen. Wie unwürdig der Vernunft und der Liebe zum Guten sind nicht
die Gottesdienste aller bloß menschlichen Religionen!
Wer kann an ihre meisten Feste ohne Erröthen und
Abscheu gedenken? Welche Religion hat ein öffentliches Lehramt, und Lehrer, die auf das Feierlichste
und Ernstlichste verpflichtet werden, alle Menschen
sowohl von der Häßlichkeit, Schande und Gefahr
des Lasters, als von der Schönheit, Würde und
Unentbehrlichkeit einer jeden Tugend zur menschlichen
Wohlfahrt zu unterrichten, und vorzüglich auf die
innere Verbesserung ihrer Einsichten, und Neigungen
zu dringen? Ein Mensch, der nicht aller Empfindung des Guten beraubt ist, sollte, wenn er auch
von der Göttlichkeit des Christenthums nicht überzeugt wäre, doch in Absicht auf den bürgerlichen und

poli-

politischen Nutzen theils der Religion selbst, theils
ihres Gottesdienstes, alles vermeiden, was die glückseligen Einflüsse, die man davon erwarten kann, verhindern möchte.   Aller dieser Betrachtungen wegen
kann ich meine Unzufriedenheit mit denen nicht verbergen, welche Hochachtung und Ehrfurcht gegen die
beste und liebenswürdigste Religion vorgeben, und
doch in der Abwartung des von ihr verordneten öffentlichen Gottesdienstes auf eine unverantwortliche
Weise nachläßig sind, oder sich demselben unter den
nichtigsten Vorwendungen ganz entziehen.

     Und was sind doch die Entschuldigungen, mit
denen man ein solches Verhalten zu rechtfertigen
sucht? Man hört sie zuweilen in Gesellschaften und
im vertrautern Umgange mit denen, die sich der
Gleichgiltigkeit gegen den öffentlichen Gottesdienst
schuldig machen. Bald ist es die Einbildung von der
Unnöthigkeit des Unterrichtes in Wahrheiten, die ihnen schon bekannt sind, und die Ueberredung, daß
sie ihre Stunden besser gebrauchen könnten, da sie
keine Hofnung hätten, neue Einsichten zu erhalten.
Bald ist es eine vorgebliche Anstößigkeit entweder des
Vortrags der Lehrer, oder gewisser gottesdienstlichen
Gebräuche, oder auch derjenigen, die den öffentlichen
Uebungen der Religion beywohnen; bald ist es die
Erfahrung, die sie haben wollen, daß die Abwar-

tung

tung des Gottesdienstes von keinem merklichen Nu=
tzen und Einfluße auf ihr Herz gewesen sey.

Man muß gestehen, daß es nur allzuviele giebt
welche sich mit der stolzen Einbildung schmeicheln,
daß sie des öffentlichen Unterrichtes entbehren könn=
ten; allein es wird auch, so lange Menschen gefun=
den werden, die allzuvortheilhaft und partheyisch von
sich denken, eine mit immer neuen Beyspielen bestä=
tigte Erfahrung bleiben, daß diejenigen, die sich
weise genug dünken, noch weit von der ihnen nöthi=
gen Weisheit entfernt sind. Indeß will ich ih=
nen ihre hohen Meinungen ihrer Wissenschaft zugeben;
ich will meine Nachsicht noch weiter treiben, und mich
nicht darauf einlassen, was sie des Beyspiels wegen
ihren Nebenmenschen schuldig sind, die nicht, wie
sie, von sich rühmen dürfen, daß sie der öffentlichen
Unterweisungen entbehren können; ich will nur einen
Augenblick bey dem Einfluße stehen bleiben, den eine
jede überlegte, vorsetzliche und ernstliche Erinnerung
an schon erlangte nützliche Einsichten in moralische
Wahrheiten auf unser Herz haben muß.

Die edelsten und vortreflichsten Lehren sind un=
streitig ein überflüßiger und unfruchtbarer Reichthum,
wenn es ihnen an Wirksamkeit und Leben fehlt; wenn
sie im Gedächtniße verborgen liegen: wenn sie we=
gen

gen andrer deutlicherer und stärkerer Vorstellungen
ihre Kraft nicht äußern können; und deßwegen anzu»
sehen sind, als wenn sie dem Verstande völlig un»
bekannt und fremd wären. Wie können sie aber
wirksam und lebendig werden, wenn sie dem Geiste
nicht gegenwärtig sind; wenn er sie nicht oft und
mit vorzüglicher Neigung und Lust durchdenkt;
wenn er sie nicht von verschiedenen Seiten betrach»
tet; wenn sie niemals andre Reihen von Ideen uns»
serdrücken und verdunkeln; wenn er sie nicht auf
alle Arten seiner Fähigkeiten und Kräfte wirken läßt?
Je öfter sie gedacht werden, und je mannichfaltiger
die Verknüpfungen sind, in denen sie gedacht werden,
desto unauslöschlicher und triumphirender wird die
Macht derselben über das Herz; desto schneller er»
machen sie in allen den Umständen, wo ihre Wir»
kung zu unserm wahren Glücke nothwendig und un»
entbehrlich seyn mag. Wenn wir also niemals bey
der Abwartung des öffentlichen Gottesdienstes Gele»
genheit hätten, neue Einsichten zu erlangen, oder
die, die wir schon besitzen, von neuen Seiten kennen
zu lernen, und zu erweitern; welches doch zu be»
haupten bey den meisten eine Dreistigkeit seyn würde,
die eben so viel Stolz als Unwissenheit enthielte: so
wäre schon die bloße Erinnerung an nützliche Wahr»
heiten Antrieb und Verbindlichkeit genug, die öffent»
lichen Uebungen der Religion durch seine Gegenwart

in

in dem nöthigen Ansehen, besonders bey dem großen
und rohen Haufen zu erhalten; zu geschweigen, daß
es für diejenigen, die nur eine natürliche Religion
zugeben, eine unverletzliche Pflicht seyn muß, die
Ehrfurcht, welche sie dem höchsten Wesen schuldig
sind, auch durch sichtbare Handlungen der Anbetung
zu bezeigen, und die erhabensten Gesinnungen, welcher der menschliche Geist fähig ist, zu erhalten, aus-
zubreiten und fortzupflanzen. Und welche Begriffe
kann man sich von der Liebe eines Menschen zur
Wahrheit und Tugend machen, welcher der Religion
nicht die Achtung bezeigt, so er vielleicht einem
Schauspiele erweist, das er, ungeachtet es vielleicht
nicht sehr vortreflich ist, dennoch unverändert und
von einerley Spielern vorgestellt, zu wiederholten
malen sehen und hören kann?

Die bessere und nützlichere Anwendung der Zeit
außer dem öffentlichen Gottesdienste ist eine unzu-
längliche und zugleich verwegne Entschuldigung für
die Vernachläßigung desselben. Und wie wollten diejenigen, welche sich damit rechtfertigen, die dazu
bestimmte Zeit besser anwenden? Ohne Zweifel durch
ähnliche Beschäftigungen, und durch Uebungen des
geheimen Gottesdienstes, oder auch durch solche grosse
Handlungen der Menschenliebe, die keinen Aufschub
leiden und die glückseligsten Einflüsse in die allgemeine

ne Wohlfart haben. Allein es werden wohl wenige
gefunden werden, die um solcher großmüthigen Thaten und höherer Verbindlichkeiten willen die öffentliche
Uebung der Religion zu versäumen gezwungen wären,
und was den geheimen Gottesdienst betrift: so muß
jedermann gestehen, daß eine sehr wesentliche Pflicht
die andere nicht aufhebe; daß vielmehr eine mit der
andern vereinigt werden müsse. Ich schweige davon,
daß der äußere Gottesdienst, wenn er ohne Zerstreuung und mit der nöthigen Sammlung des Gemüths
verrichtet wird, allezeit den innern befördert, gemeiniglich auch zur wirklichen Aufklärung des Verstandes oder zu schnellerer Besserung und Verschönerung
des Herzens mehr beyträgt, als die geheime Uebung
der Religion, weil nur wenig Menschen die erfo-
derliche Fähigkeit und Stärke des Geistes besitzen,
ohne von andern erweckt und unterstützt zu werden,
sich mit einer praktischen Betrachtung moralischer
Wahrheiten, mit dem Lobe und der Anbetung des
höchsten Wesens, seines Schöpfers und Vaters zu
beschäftigen.

Allein gesetzt, daß eine bessere und edlere Anwendung der Zeit möglich wäre: wie müßte der
nicht, der mit einer solchen Möglichkeit seine Entfernung von dem öffentlichen Gottesdienste entschuldigen
wollte, alle seine Tage und eine jede Stunde derselben

selben zur Verherrlichung der Gottheit und zur Beförderung des allgemeinen Besten nützen? Wie müßte der nicht einen jeden Augenblick seines Lebens
mit einer großen That bezeichnen, wie erhaben und
übermenschlich müßte nicht seine Tugend seyn! Allein
wie sehr ist nicht zu wünschen, daß alle die, die sich
dem Gottesdienste entziehen, ohne sich doch für Verächter der Religion zu erklären, die Stunden, die
sie der allgemeinen Erbauung rauben, nicht entweder in einer gedankenlosen Bequemlichkeit und Ruhe,
oder gar durch schändliche Ausschweifungen zernichten
möchten!

Ich will nicht läugnen, daß die Lehrer der
Religion die Wahrheiten, die sie verkündigen, sehr
oft auf eine würdigere Art verkündigen könnten. Ihr
Vortrag könnte oft sowohl der Vortreflichkeit, der
Hoheit und dem göttlichen Ursprunge, als dem Endzwecke ihres Amts angemessener seyn. So wenig
ich jemals die Achtung aus den Augen setzen werde,
die man ihrem Stande und selbst ihnen schuldig ist,
wenn man ihnen keine vorsetzliche Beleidigung, oder
keine vorsetzlich fehlerhafte Beobachtung ihrer
Pflichten verweisen kann: so muß ich doch bekennen,
daß viele vorbereiteter, viele ordentlicher und
deutlicher, viele edler, angenehmer, lebhafter,
und eindringender reden könnten. Diese wollen
sich

sich herablassen und werden gemein; jene wollen sich
vielelcht erheben, und werden unverständlich und
schwülstig; einige sind zu leer, und andere zu voll,
und verschwenden eine Gelehrsamkeit, die das Kathe-
der besser, als die Kanzel schmückte.　Dieses kann
nicht geläugnet werden, und daher ist der Wunsch
sehr gerecht und billig, daß diejenigen, die berufen
sind, der Welt die unentbehrlichsten und erhabensten
Wahrheiten zu verkündigen, sich immer der Größe
ihres Amts, der Rechenschaft, die sie erwartet, und
des Nutzens, den sie dem gemeinen Wesen schaffen
können, erinnern möchten. Warum soll die Religion
nicht sowohl ihre Demosthenen und Ciceronen
haben, als die Politik; oder weil die Natur nicht
allen einen gleichen Geist giebt, warum sollte nicht
jeder Lehrer suchen, so deutlich, so gründlich, so angenehm und rührend zu werden, als es seinen ein-
geschränkten Fähigkeiten möglich ist? Und sie können
es alle werden; die Offenbarung ist eine unerschöpf-
liche Quelle der Beredsamkeit; das Herz kann, und
es wird sie zu rührenden Rednern machen, wenn es
die Wahrheiten der Schrift liebt, und von einer ei-
frigen Begierde entflammt wird, die Unwissenden zu
erleuchten, die Lasterhaften zu bessern, und die Guten in der Ausübung der Religion und Rechtschaffenheit zu befestigen.

　　　　　　　　　　　　　　　　　　Allein

Allein gesetzt, daß auch alle Lehrer ihre Verbindlichkeiten nicht eifrig und pflichtmäßig genug be-
obachteten; daß diejenigen, die einen geläuterten
Geschmack am Wahren und Schönen haben, nicht
mit ihnen zufrieden seyn; daß sie selbst durch einen
ausgearbeitetern überlegtern Vortrag ihren Lehren
noch einen schnellern Eingang in die Gemüther des
großen Haufens verschaffen könnten: so wird doch
dadurch, so lang sie noch Wahrheit verkündigen,
niemand berechtigt, sich den allgemeinen Uebungen
der öffentlichen Andacht zu entziehen.   Die meisten
Menschen werden sich ohne ihre Hilfe nicht besser,
deutlicher, gründlicher und lebhafter unterrichten,
und überhaupt ist es die Wahrheit, und nicht die
Schönheit und Anmuth des Vortrags, die sie bey
dem Gottesdienste suchen sollen.   Wer hindert uns
überdieß, unter der Menge von Lehrern, die uns
zur Gottseligkeit und Rechtschaffenheit anführen und
erwecken sollen, zu unserer Besserung und Erbauung
diejenigen auszusuchen, die am meisten mit unserer
Art zu denken, und mit unserm Geschmacke übereinstimmen.

An den gottesdienstlichen Gebräuchen und Handlungen, die in keinem unmittelbaren göttlichen Befehle gegründet sind, sollte billig niemand einen An-
stoß nehmen, oder zu nehmen vorgeben, wenn nicht
eine

eine wirkliche Sündlichkeit derselben, oder ein offen-
barer Mangel der Uebereinstimmuug mit ihrem Endzwecke erwiesen werden kann. Denn in der Einrichtung unsers Verhaltens ist vieles der Willkür und
Freyheit des Menschen überlassen worden; wenn also die Bedeutung und Absicht der Gebräuche gottes-
dienstlich ist, und sie selbst dazu nicht unbequem sind,
sobald wir uns nur ihrer Absicht und Bedeutung bewußt zu bleiben suchen: so würde es einen sehr
strafbaren Eigensinn und einen unerträglichen Stolz
verrathen, wenn wir uns der gemeinschaftlichen Andacht darum entzögen, weil nicht alles nach unsern
Einsichten und Wünschen eingerichtet wäre. Wenn
man einer solchen Art zu denken auch in andern
als in gottesdienstlichen Angelegenheiten folgen wollte: was für Unordnung und Verwirrung im gemeinen Wesen würde nicht daraus entspringen?

Daß der öffentliche Gottesdienst von den Meisten, die ihm beywohnen, nicht mit der Stille, der
Aufmerksamkeit, der Ehrerbietung, Ernsthaftigkeit
und Feierlichkeit abgewartet werde, als er sollte,
dieses ist freylich unläugbar, und macht ihrem Herzen und ihrer Frömmigkeit keine Ehre. Daß aber
einige vorgeben wollen, sie entzögen sich aus bloßer
Beglerde, besser zu seyn, und an fremden Unordnungen keinen Theil zu nehmen, den allgemeinen
Uebun-

Uebungen der Andacht; dieſes ſcheint mir unter un-
anſtändigen Rechtfertigungen der Abſonderung vom
gemeinſchaftlichen Gottesdienſte die unanſtändigſte zu
ſeyn. Denn da niemand an fremden Unordnungen
Theil nimmt, als derjenige, der ſie billigt, oder ſich
in eine ſtrafbare Nachahmung derſelben verwickeln
läßt: ſo ſollten ſie durch ein öffentliches und ſicht-
bares Beyſpiel einer beſſern und gewiſſenhaftern Abwartung des Gottesdienſtes ihr thätiges Mißfallen
an der Entweihung deſſelben zu erkennen geben und
durch ihr Beyſpiel lehren, wie dieſe weſentliche
Pflicht des Chriſten auf eine anſtändigere Art beobachtet werden müſſe. Denn die Abſonderung davon
kann mit Rechte von niemand für ein ſichers und
zuverläßiges Kennzeichen ihres Mißfallens gehalten
werden; weil dazu eine Einſicht in das Innere ihrer Herzen nothwendig iſt. Ja es kann eben ſowohl ein Beweis der Gleichgiltigkeit und der Verachtung ihrer Pflicht ſeyn.

Jedoch einige könnten vielleicht noch zu ihrer
Vertheidigung ſagen, daß ſie von der Abwartung
öffentlicher Andachten nicht die vortheilhaften Wirkungen erfahren hätten, die davon verſprochen würden; daß ſie dieſelben ohne lebhaftere Empfindungen
zu erhalten, verließen; daß ſie alſo dieſer Erfahrung
wegen es für ihren beſondern Zuſtand zuträglicher

zu seyn erachteten, die sonst darauf verwendete Zeit
zu andern Geschäften oder Uebungen zu gebrauchen.
Allein, entweder sie haben unrichtige Begriffe von
den Wirkungen, die dem öffentlichen Gottesdienste
zugeschrieben werden, und alsdann müssen sie ihre
Vorstellungen davon ändern, oder die Schuld, daß
sie die guten Wirkungen desselben nicht empfinden,
liegt an ihrem Herzen, und denn müssen sie es
bessern.

Oft verwechselt man sinnliche Bewegungen und
Rührungen des Gottesdienstes mit den guten und vortheilhaften Wirkungen desselben, und wer die ersten
nicht empfindet, kann sich überreden; daß er gar
nicht auf ihr Herz gewirkt habe, ob sie gleich sich keiner vorsetzlichen Vernachläßigung ihrer Pflichten schuldig wissen. Allein man muß sie nicht miteinander
verwechseln, indem die ersten nicht allezeit die andern
nach sich ziehen, diese aber sehr oft ohne jene erfol-
gen können. Denn viele können oft von dem blossen
Tone einer ihnen angenehmen Stimme bis zum Wei-
nen gerührt werden. Doch selten machen solche Thränen fruchtbar; zuzuschweigen, daß es eine gewisse
Art geistlicher Weichherzigkeit giebt, die mit sehr groben Lastern wohl bestehen kann. Um zu wissen, ob
die öffentlichen Unterweisungen mit den andern Uebungen der gemeinschaftlichen Anbetung ihre Wirkung

gethan

gethan haben, muß man die Beschaffenheit seines Verstandes und seines Herzens untersuchen, und seine tägliche Aufführung prüfen. Ein guter Saame geht nach und nach unvermerkt auf, und wächst eben so allmählig und ohne Geräusch, bis er zu der reichsten Aernte reist. Die Fragen: Bin ich erleuchteter, weiser, schlüßiger meine Pflichten zu erfüllen, geneigter zum Guten, fertiger in der Ueberwindung meiner Leidenschaften, standhafter in der Tugend geworden? — sind, wenn wir nur strenge und unpartheyisch genug gegen uns sind, nicht schwer zu entscheiden. Und das alles müssen wir durch eine gewissenhafte Abwartung des Gottesdienstes werden. Freylich werden es viele nicht, die doch keinen öffentlichen Unterricht versäumen. Allein die ganze Schuld liegt auch nur an ihnen selbst. Theils erscheinen sie ohne alle Vorbereitung, und zu allen Handlungen, welche glückliche Folgen haben sollen, gehört Ueberlegung und Vorbereitung; theils erscheinen sie aus bloß maschinenmäßiger Gewohnheit, und ohne sich der Absicht des Gottesdienstes und ihrer Pflichten bey demselben bewußt zu werden. Ohne Aufmerksamkeit und aus einer Zerstreuung in die andere verloren, richten sie ihr Gemüth unter den verkündigten Wahrheiten nicht vornehmlich auf die, die zur Beschäftigung mit Gott, und zum Wachsthume in der Tugend für sie die bequemsten sind: wie können sie denn die glückseligen Wirkungen des öffentlichen Gottesdienstes erfahren? Allein sie werden sie gewiß empfinden, wenn sie der nachdrücklichen Auffoderung der Offenbarung gehorchen: Bewahre deinen Fuß, wenn du zum Hause Gottes gehst, und komme, daß du hörest!

Ich habe Ihnen nun, mein Freund! verschiedene Begriffe von den wichtigsten Wahrheiten beygebracht; Sie werden den Werth ihrer Größe erkennen, und einsehen, daß, wenn Sie den Weg gehen, den ich Ihnen nun weise, daß Sie nicht unglücklich seyn werden. Glauben Sie mir, mein Bruder! daß es eine Wahrheit giebt, deren Heiligthum nie erschüttert wurde, und die bleiben wird, so lang die Erde steht. Allein wenige Menschen erkennen diese Wahrheit, weil sie den Zusammenhang des Intellektuellen mit dem Sinnlichen nicht verbinden können, welches doch unmittelbar nothwendig ist, um die Wahrheit in ihrem ganzen Lichte zu sehen.

Das phisisch Sinnliche und Intellektuelle, mein Bruder! sind die beiden Grundlinien der menschlichen Erkenntniß, der Mensch, wenn er aufmerksam wäre, könnte durch phisische Wahrheiten überall auf intellektuelle geführt werden; auch in der neuen Klasse der Erkenntniß finden sich dieselben Analogien,

die

die im phyſiſch Sinnlichen auffallen. Alles hält und
trägt ſich einander; jedes Factum phyſicum im
Großen und Kleinen grenzt an intellektuelle Wahrheiten nach Weſen, Zeit und Abſicht.

Daher iſt die Wiſſenſchaft der menſchlichen Natur die Grundwiſſenſchaft; wer dieſe genau und voll-
ſtändig verſteht, der erkennt die Geſetze alles Intellektuellen und Sinnlichen, und einem ſolchen bleibt
nichts unerklärbar: allein, mein Bruder! man muß
die in Disharmonie gerathene Natur, von der urſprünglichen und unverfälſchten wohl unterſcheiden;
vielleicht hat der Menſch nur einen Theil ſeiner urſprünglichen Kräfte mehr zum Gebrauche, der zwar
noch immer hinreicht, Wahrheit zu erkennen, aber
doch von unſrer Sinnlichkeit weſentlich gehindert
wird. Sehen wir nicht, mein lieber Bruder! daß,
je mehr des Menſchen Begiffe zur Reinheit auf-
ſteigen, je einfacher ſie werden, deſto mehr nahen
ſie ſich der Wahrheit. Alles Sinnliche, alles Zu-
ſammgeſetzte entfernt; alles Einfache entwickelt und
nähert.

Finden Sie nicht, mein Bruder! daß der
Menſch ein Prinzipium der Erkenntniß in ſich trägt,
oder eine Fähigkeit, Wahrheiten in ſich zu vereinigen; nur einer mehr, der andere weniger. Alle

H 2   Men-

Menschen stehen im Verhältniße zur Empfänglichkeit
der Wahrheit; allein jeder in seinem Kreise, nach
der Schwungkraft, die er seiner Seele gab, sich
dem Lichte der Wahrheit und der göttlichen Kräfte
zu nähern.

Sinnliche Wahrheiten, mein Bruder! müssen
nie mit Intellektuellen verwechselt werden, und man
muß diesen nicht zuschreiben, was jenen gebührt.
Aus dieser Verwechselung entstunden alle Irrthümer.
Daher kam es, daß viele Menschen von der Verschiedenheit der Sitten, Religionen und Instituten
geblendet, geschlossen haben, es gebe gar keine
Wahrheit, sondern alles sey konventionel, weil sie
das Intellektuelle nach dem Maßstabe der Sinnlichkeit maßen. Die Menschen haben das Sinnliche
und Intellektuelle von einander getrennt, und daher
muß man sich durch ihre falschen Sisteme nicht irre
machen lassen. Durch das abgesonderte Studium
des Intellektuellen erhält man nur eine verstümmel-
te Erkenntniß des Geistigen; nur die Wissenschaft,
die alles Intellektuelle und Sinnliche in sich faßt,
ihren genauen Zusammenhang und Verbindung zeigt,
ist die Wissenschaft der Wahrheit. Aus dem falschen
Studium des Sinnlichen, das getrennt vom Intellektuellen war, entstunden alle sinnlichen Sisteme. Dieses Studium erzeugte den Materialismus und den
Atheis-

Atheismus. So geriethen diejenigen, die die höhern Kräfte der menschlichen Natur nur halb wähnten, ebenfalls in abscheuliche Irrthümer, die das Ungeheuer des Aberglaubens zur Welt brachten. Daher ihre magischen Geheimnisse, Amulete, Talismane, Auspicien, Aspekten ꝛc. ꝛc. von welchen Irrthümern nur ein Schritt zum Laster ist.

Einen gleich großen Fehler begiengen die großen Naturlehrer, und entfernten sich von der eigentlichen Wahrheit der Natur und der Bestimmung des Menschen, da sie sich bloß mit äußern Wirkungen und Scheinbarkeiten der Körper beschäftigten, ohne zu überdenken, daß die sinnlichen Wirklichkeiten sich für uns organisch verhalten, und es also mit veränderten Organen andre Wirklichkeiten geben müsse. Auch giebt es nur einen Weg, die Wahrheit im Sinnlichen und Phisischen zu finden, die mehr aus dem Mittelpunkte der Kräfte, als aus dem wandelbaren Phänomenen erkannt werden muß. Sie müssen sich also in jedem Falle hüten, mein Bruder! vor den beiden Extremen: Vor dem bloß Sinnlichen und bloß Intellektuellen; Sie müssen denken, daß im Universum eine Kette ist, wovon ein Glied in das andere paßt.

Alle

Alle diese Wahrheiten finden Sie in der Natur; wenn Sie nur genau die Analogien beobachten. Der berühmte Bischof von Durham, Joseph Buttler, schrieb eine Analogie der natürlichen und geoffenbarten Religion mit der Einrichtung und dem Laufe der Natur, ein Werk, das Ihre ganze Aufmerksamkeit verdient.

Unsre lebendige und vernünftige Natur, sagt er, dauert nach dem Tode fort. Unser Zustand in diesen neuen Auftritten des Lebens hängt von unserm gegenwärtigen Verhalten ab, dessen gute oder böse Beschaffenheit dem verständigen und moralischen Urheber und Beherrscher der Welt nicht gleichgiltig seyn kann; Gottseligkeit und Tugend machen den Karakter aus, ohne welchen niemand an dem künftigen Zustande der Glückseligkeit und Sicherheit unter seiner gerechten und gnädigen Regierung Theil nehmen wird. Wir leben also hier in einem Stande der Uebung, der Vorbereitung und der Zucht; dieses sind die grossen Wahrheiten; welche die Offenbarung mit der natürlichen Erkenntniß Gottes gemein hat, welche sie bey ihren besondern und unterscheidenden Lehren, oder sie mit ihren eigenthümlichen Namen deutlicher anzuzeigen, bey den Geheimnissen des Glauben voraussetzt, und durch ihr göttliches Ansehen zur höchsten Stufe der Gewißheit

er-

erhebt. Sie haben, außer dem unmittelbaren Zeugnisse der Gottheit, manchfaltige Gründe der Glaub-
würdigkeit, unter denen ihre Analogie und Gleichförmigkeit mit dem Laufe der Natur einer der wichtigsten ist. Dieses ist der Grundriß von dem ersten
Theile der Analogie.

.⁃ Was die Fortdauer unsrer vernünftigen Natur
nach dem Tode betrift: so läßt sich zwar aus der
gegenwärtigen Einrichtung der Welt nicht erweisen,
daß wir die große Zerstörung unsers organischen
Körpers überleben müssen, allein dasjenige, was
wir aus dem Laufe der Natur oder der Vorsehung
erfahren, unterrichtet uns nicht allein, daß unsre
Fortdauer in einem künftigen Zustande der Empfindung und Thätigkeit nicht allein möglich, sondern
auch unendlich glaubwürdiger sey, als das Gegentheil. Denn wir können aus den Veränderungen,
welche alle lebendigen Geschöpfe in den verschiednen
Zuständen ihres Daseyns erfahren, mit Recht schließen; es sey ein allgemeines Gesetz der Natur, „daß
„sie mit solchen Stufen des Lebens, der Empfin-
„dung, des Bewußtseyns und der Thätigkeit in einer
„Periode ihrer Dauer da seyn können, welche sich
„von denen weit unterscheiden, die ihnen in einer
„andern Periode des Daseyns zugemessen sind? Sind
„nicht die Verschiedenheit in den Zuständen ihres

„Lebens

„Lebens bey ihrer Geburt, in ihrem Wachsthume,
„und in ihrer Reife; die Verwandlung von Wür-
„mern zu Fliegen, die damit verknüpfte große Er-
„höhung ihrer Kraft, sich von einem Orte zum an-
„dern zu erheben, und die Veränderung, die mit
„den Insekten und Vögeln vorgeht, wenn sie ihre
„erste Wohnung, die Schale die sie umgiebt, durch-
„brechen, und in eine neue Welt kommen, wo sie
„eine ihnen angemessene Sphäre der Wirksamkeit an-
„treffen, Beyspiele von diesem allgemeinen Gesetze
„der Natur? Und ist nicht unser Leben vor unsrer
„Geburt, von unserm Leben in unsrer Kindheit,
„und dieses von unserm Leben in unserm reifern Al-
„ter so sehr unterschieden, als nur immer zwey
„Zustände und Stufen des Lebens von einander ver-
„schieden seyn können“? Warum sollte nicht der Tod
eine solche Veränderung seyn, durch welche wir in
eine neue Szene des Lebens versetzt werden? Wir
wissen, daß wir Fähigkeiten zu handeln, glückselig
und unglückselig zu seyn besitzen; wir wissen, daß
sie unter den manchfaltigen Veränderungen, fortdauern, die wir hier erfahren; es ist also glaubwürdig, daß sie auch in allen folgenden Veränderungen fortdauern werden, so lange wir keinen gewissen Grund des Gegentheils sehen. Denn wir
haben, wenn wir tief denken, keinen andern Grund
zu glauben, daß wir in dem nächsten Augenblicke

ﾧ ﾧ   auf

auf eben die Weise als itzt fortdauern, als diesen
einzigen, daß wir unser Daseyn schon in mehr Au-
genblicken auf diese Weise genossen haben.

Sollten wir also mit Grunde befürchten müssen, daß wir nach dem Tode entweder nicht fortdauern könnten, oder nicht fortdauern würden:
so müßte die Besorgniß aus der Beschaffenheit
des Todes entspringen, oder wir müßten die völlige Zerstörung unsers Lebens aus der Analogie,
wir müßten sie aus ähnlichen Fällen der Natur
schließen. Aus der Beschaffenheit des Todes
selbst kann sie nicht geschlossen werden. Denn was
wissen wir von dem Tode anders, als daß er eine Zertrennung des Fleisches, der Haut und der Ge-
beine ist? Wer kann aber behaupten, daß die Ausübung unserer lebendigen Kräfte von der Verbindung
dieser Theile abhängt? Und wer weis, von was für
einem Wesen das Daseyn dieser lebendigen Kräfte
abhängt, welche sogar da sind, wenn sie nicht gebraucht werden, wie der Zustand des Menschen in
der Ohnmacht beweist? Da wir nun die eigentliche
Beschaffenheit des Todes gar nicht kennen, so ist es,
um der vorgehenden Gründe willen, glaublicher,
daß wir nach demselben thätige Wesen bleiben, als
daß wir zu leben aufhören. Der Tod zerstört wohl
den sinnlichen Beweis unsers Lebens; aber er ist

selbst

selbst kein Beweis, daß wir des Daseyns völlig beraubt werden.

In der Analogie der Natur entdecken wir nichts
wider die glaubwürdige Fortdauer unsers Lebens nach
dem Tode. Denn ist das thätige Wesen, welches
wir eigentlich unser Ich, unser Selbst nennen,
nicht unser organisirter Körper, so genau dieser auch
mit uns verbunden ist; denn wir können viele und
grosse Theile desselben verlieren, ohne daß wir glauben, in diesem unserm Selbst zerstümmelt zu seyn;
muß es etwas Einfaches und Untrennbares seyn,
weil das Bewußtseyn unsrer selbst einfach und uns
theilbar ist: so kann die Auflösung des Körpers
nicht beweisen, daß zu der Zeit, da sie erfolgt,
dieses Einfache Wesen, als die wahre Quelle der
Thätigkeit und des Lebens zernichtet werde.

Wir bemerken in uns zweyerley Kräfte; em-
pfindende Kräfte, und Kräfte der Vernunft, des
Gedächtnißes und der Neigung. Die erste Art
braucht den Körper wegen der Werkzeuge der Empfindung, mit welchen er versehen ist. Allein ungeachtet sie ihn brauchen, so finden wir doch keinen
Grund in der Natur, der uns nöthigte, zu glauben, daß sie nicht ohne diesen Körper, ohne diese
Werkzeuge der Empfindung bestehen könnten. Die

Kro.

Erfahrung lehrt, daß wir mit unsern Augen eben
so sehen, als mit den Sehegläsern. Wie nun die
Kraft, durch die wir sehen, nicht in den Sehegläsern ist; so kann sie auch nicht in den Augen seyn.
Die Augen sind nur Kanäle, die bestimmt sind, der
Seele Vorstellungen zuzuführen; aber daraus folget
nicht, daß sie die einzigen Mittel zu diesem Endzwecke sind. Eben dieses kann von allen übrigen
Sinnen behauptet werden. Und finden wir nicht
in den Träumen, wo die Sinne ruhen, in uns eine
verborgne ganz wunderbare Kraft, uns empfind-
bare Gegenstände ohne ihre Hilfe eben so stark und
lebhaft, als mit denselben vorzustellen?

Noch unabhängiger von dem Körper sind die
Kräfte der Vernunft, des Gedächtnisses und der Zuneigung, und das lehrt uns bloß die Beobachtung der Natur. Die Sinne desselben dienen
zwar, ihnen die nöthigen Begriffe zur Ueberlegung
zuzuführen, wie zum Bauen Hebebäume, Gerüste,
und andre Werkzeuge nöthig sind; aber wenn wir
einmal Begriffe haben, so kann die Seele, wie die
Erfahrung lehrt, diese Kräfte selbst in dem itzigen
Leben gebrauchen, und durch die Ueberlegung Vergnügen und Schmerzen empfinden, ohne der Sinne
weiter zu bedürfen. Auch zeigt uns die Erfahrung
viele Beyspiele tödtlicher Krankheiten, die nicht auf
die

die Kräfte der Ueberlegung und Neigung wirken,
wenn sie auch den Körper schon beynahe ganz zerstört haben, und das macht es glaubwürdig, daß
sie diese Kräfte in der völligen Zerstörung desselben
nicht zerstören können, ob sie uns gleich hindern,
ihre fernern Wirkungen wahrzunehmen. Wer hat
nicht Menschen gekannt, welche in den tödtlichsten
Krankheiten bis zum letzten Hauche ihres Lebens
Vorstellung, Gedächtniß und Vernunft ungeschwächt
behielten, und die äußerste Stärke der Zuneigung,
und der Empfindung des höchsten geistigen Ver-
gnügens oder Schmerzens zu erkennen gaben?
Wer kann denn also glauben, daß die Krankheit,
wenn sie bis zu einem gewissen Grade kömmt,
nämlich bis zu dem, der tödtlich ist, Kräfte zerstören werde, welche in ihrem Wachsthume bis zu
diesem Grade gar nicht davon angegriffen wurden?
Eine tödtliche Krankheit ist der Tod in seinem
Anfange: warum sollten wir uns denn einbilden,
daß der Tod in seiner Vollendung über unser
thätiges Wesen etwas vermögen sollte, über welches er nichts in seinem Anfange vermöchte? Und
gesetzt er unterbräche ihre Ausübung, so ist doch
von einer solchen unterbrochnen Ausübung bis zu
ihrer Zerstörung ein unendlicher Abstand. Der Tod
kann in gewisser Absicht unsrer Geburt ähnlich seyn,
welche weder die Kräfte aufhebt, die wir unter

der

der Bruſt unſrer Mutter hatten; noch das in dieſem Zuſtande angefangene Leben unterbricht, ſondern es vielmehr fortſetzt, und uns in eine weitere
Szene des Daſeins bringt. Die Analogie gebie-
tet uns alſo zu glauben, daß nach unſerm Tode
die Sphäre unſrer Erkenntniß und Fähigkeit größer
ſeyn werde. Die Abnahme der Pflanzen iſt in der
Natur das Einzige, was einige Aehnlichkeit mit
der Abnahme lebendiger Geſchöpfe hat. Allein aus
dieſer Aehnlichkeit läßt ſich nichts ſchließen, weil es
ihnen an dem Weſentlichen fehlt, worauf alles an-
kommt, nämlich an der Kraft zu empfinden und zu
handeln. Alles dieſes iſt freylich keine Demonſtra-
tion; allein welch ein Vergnügen zu wiſſen, daß
der Stimme der Religion von der Natur nicht widerſprochen wird!

So iſt es auch, mein lieber Bruder! die
Stimme der Religion wird von der Stimme der
Natur nicht widerſprochen. Ich habe Ihnen be-
reits genug geſagt, um heilige Ehrfurcht in Ihr
Herz zu flößen, und Sie zu überzeugen, daß Re-
ligion und Offenbarung Gründe genug für ſich ha-
ben, daß wir unſern beſchränkten Verſtand jenen
Geheimniſſen unterwerfen, die für unſere ſchwache
Augen verdeckt ſind, weil ſie nicht ins Innere des
Heiligthums blicken.

Clau-

Glauben Sie aber nicht, mein Bruder! daß zu eben diesem Heiligthume der Weg den Aufrichtigforschenden ganz unzugänglich sey. Derjenige, der einen guten Willen hat, wird finden; und dem werden die Pforten aufgethan werden, der klopfet. Die künftige Nacht, mehr von diesem! —

Sieben

•(ᴢ)o(ᴢ)•

Siebente Nacht.

Der itzige Zustand der Menschen, mein Bruder!
ist wahrscheinlich das verbindende Mittelglied zwoer
Welten, sagt Herder. Diese Wahrheit ist so
wichtig, mein Bruder! daß sie zu den höchsten Ge=
heimnissen führt. Alles in der Natur ist verbunden,
ein Zustand strebt zum andern, und bereitet ihn vor.
Wenn also der Mensch die Kette der Erdorganisation
als ihr höchstes und letztes Glied schloß, so fängt
er auch eben dadurch die Kette einer höhern Gat=
tung von Geschöpfen als ihr niedrigstes Glied an,
und so ist er der Mittelring zwischen zweyen in einan=
der greifenden Sistemen der Schöpfung.

Auf der Erde, fährt Herder fort, kann er in
keine Organisation mehr übergehen, oder er müßte
rückwärts, und sich im Kreise herumtaumeln. Still=
stehen kann er nicht; da keine lebendige Kraft im
Reiche der wirksamsten Güte ruht, also muß ihm
eine Stufe bevorstehen, die so dicht an ihn, und
doch über ihn so erhaben ist, als er mit dem edel=
sten Vorzuge geschmückt ans Thier grenzet.

Diese

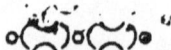

Diese Aussicht, mein Bruder! die auf allen
Gesetzen der Natur ruht, giebt uns allein den Schlüs-
ßel seiner wunderbaren Erscheinungen, mithin die einzige Philosophie der Menschengeschichte. Es wird
der sonderbare Widerspruch klar, in dem sich der
Mensch zeigt. Als Thier, dient er der Erde, und
hangt an ihr als seiner Wohnstätte; als Mensch hat
er den Samen der Unsterblichkeit in sich, der einen
andern Pflanzgarten fodert. Als Thier kann er seine Bedürfnisse befriedigen, und Menschen, die mit
ihnen zufrieden sind, befinden sich sehr wohl hienieden. Sobald er irgend eine edlere Anlage verfolgt,
findet er überall Unvollkommenheiten und Stückwerk;
das Edelste ist auf der Erde nie ausgeführt worden,
das Reinste hat selten Bestand und Dauer gewonnen;
für die Kräfte unsers Geistes und Herzens ist dieser
Schauplatz immer nur eine Uebungs = und Prüfungs-
stätte. Die Geschichte unsers Geschlechts mit ihren
Versuchen, Schicksalen, Unternehmungen und Revo-
lutionen beweist dieß sattsam. Hie und da kam
ein Weiser, ein Guter, und streuete Gedanken, Rathschläge und Thaten in die Fluth der Zeiten; einige
Wellen kreiseten sich umher, aber der Strom riß
sie hin und nahm ihre Spur weg; das Kleinod ihrer edeln Absichten sank zu Grunde. Narren herrschten über die Rathschläge der Weisen und Verschwen-
der erbten die Schätze des Geistes ihrer sammelnden
                                      Aeltern.

Aeltern. So wenig das Leben des Menschen hienieden auf eine Ewigkeit berechnet ist; so wenig ist die runde, sich immer bewegende Erde eine Werkstätte bleibender Kunstwerke, ein Garten ewiger Pflanzen, ein Lustschloß ewiger Wohnung. Wir kommen und gehen; jeder Augenblick bringt tausende her, und nimmt tausende hinweg von der Erde: sie ist eine Herberge für Wanderer, ein Irrstern, auf dem Zugvögel ankommen und Zugvögel wegeilen. Das Thier lebt sich aus, und wenn es auch höhern Zwecken zu Folge sich den Jahren nach nicht auslebet: so ist doch sein innerer Zweck erreicht; seine Geschicklichkeiten sind da, und es ist, was es seyn soll. Der Mensch allein ist im Widerspruche mit sich und mit der Erde: denn das ausgebildetste Geschöpf unter allen ihren Organisationen ist zugleich das unausgebildetste in seiner eignen neuen Anlage, auch wenn er lebenssatt aus der Welt wandert. Die Ursache ist offenbar die, daß sein Zustand, der letzte für diese Erde, zugleich der erste für ein anderes Daseyn ist, gegen den er wie ein Kind in den ersten Uebungen hier erscheint. Er stellet also zwo Welten auf einmal dar; und das macht die anscheinende Duplicität seines Wesens.

So fort wird klar, welcher Theil bey den meisten hienieden der herrschende seyn werde. Der größte Theil des Menschen ist Thier; zur Humanität

J   hat

hat er bloß die Fähigkeit auf die Welt gebracht, und
sie muß ihm durch Mühe und Fleiß erst angebildet
werden. Wie Wenigen ist es nun auf die rechte Wei=
se angebildet worden! und auch bey den besten, wie
fein und zart ist die ihnen aufgepflanzte göttliche Blu=
me! Lebenslang will das Thier über den Menschen
herrschen, und die meisten lassen es nach Gefallen über
sich regieren. Es zieht also unaufhörlich nieder,
wenn der Geist hinauf, wenn das Herz in einen frey=
en Kreis will; und da für ein sinnliches Geschöpf die
Gegenwart immer lebhafter ist, als die Entfernung,
und das Sichtbare mächtiger auf dasselbe wirkt, als
das Unsichtbare: so ist leicht zu erachten, wohin die
Waage der beiden Gewichte überschlagen werde. Wie
wenig reiner Freuden; wie wenig reiner Erkenntniß
und Tugend ist der Mensch fähig! und wenn er ihrer
fähig wäre, wie wen'g ist er an sie gewöhnt! Die
edelsten Verbindungen hienieden werden von niedrigen
Trieben, wie die Schifffahrt des Lebens von widri=
gen Winden gestört und der Schöpfer, barmherzig=
strenge, hat beide Verwirrungen in einander geord=
net, um eine durch die andere zu zähmen, und die
Sprosse der Unsterblichkeit mehr durch rauhe Winde
als durch schmeichelnde Weste in uns zu erziehen.
Ein vielversuchter Mensch hat viel gelernet: ein trä=
ger und müßiger weis nicht, was in ihm liegt, noch
weniger weis er mit selbstgefühlter Freude, was er

kann

kann und vermag. Das Leben ist also ein Kampf, und die Blume der reinen, unsterblichen Humanität eine schwererrungene Krone. Den Läufern steht das Ziel am Ende; den Kämpfern um die Tugend wird der Kranz im Tode.

Wenn höhere Geschöpfe also auf uns blicken; so mögen sie uns wie wir die Mittelgattungen betrachten, mit denen die Natur aus einem Elemente ins andere übergeht. Der Straus schwingt matt seine Flügel nur zum Laufe, nicht zum Fluge: sein schwerer Körper zieht ihn zum Boden. Indeß auch für ihn und für jedes Mittelgeschöpf hat die organisirende Mutter gesorget: auch sie sind in sich vollkommen und scheinen nur unserm Auge unförmlich. So ists auch mit der Menschennatur hienieden: ihr Unförmliches fällt einem Erdengeist schwer auf, ein höherer Geist aber, der in das Inwendige blickt, und schon mehrere Glieder der Kette sieht, die für einander gemacht sind, kann uns zwar bemitleiden, aber nicht verachten. Er sieht, warum Menschen in so vielerley Zuständen aus der Welt gehen müssen, jung und alt, thöricht und weise, als Greise, die zum zweytenmale Kinder wurden, oder gar als Ungebohrne Wahnsinn und Missgestalten, alle Stufen der Kultur, alle Verirrungen der Menschheit umfaßte die allmächtige Güte, und hat Balsam genug in ihren Schätzen,

auch die Wunden, die nur der Tod lindern konnte,
zu heilen. Da wahrscheinlich der künftige Zustand
so aus dem itzigen hervorsproßt, wie der unsere aus
dem Zustande niedrigerer Organisationen: so ist ohne
Zweifel auch das Geschäft desselben näher mit unserm
itzigen Daseyn verknüpft, als wir denken. Der höhere Garten blühet nur durch die Pflanzen, die hier
keimten, und unter einer rauhen Hülle die ersten Spröß-
chen trieben. Ist nun, wie wir gesehen haben,
Geselligkeit, Freundschaft, wirksame Theilnehmung
beynahe der Hauptzweck, worauf die Humanität in
ihrer ganzen Geschichte der Menschheit angelegt ist:
so muß diese schönste Blüthe des menschlichen Lebens
nothwendig dort zu der erquickenden Gestalt, zu der
umschattenden Höhe gelangen, nach der in allen Verbindungen der Erde unser Herz vergebens dürstet.
Unsere Brüder der höhern Stufe lieben uns daher
gewiß mehr und reiner, als wir sie suchen und lieben können: denn sie übersehen unsern Zustand klä-
rer; der Augenblick der Zeit ist ihnen vorüber, alle
Disharmonien sind aufgelöset, und sie erziehen an
uns vieleicht unsichtbar ihres Glückes Theilnehmer,
ihres Geschäftes Brüder. Nur einen Schritt weiter,
und der gedrückte Geist kann freyer athmen, das
verwundete Herz ist genesen; sie sehen den Schritt
herannahen und helfen dem Gleitenden mächtig hin-
über.

Ich

Ich kann mir alfo auch nicht vorstellen, daß,
da wir eine Mittelgattung von zwoen Klaffen, und
gewissermaffen die Theilnehmer beider sind, der
künftige Zustand von dem itzigen so fern, und ihm
so ganz unmittheilbar seyn sollte, als das Thier im
Menschen gern glauben möchte; vielmehr werden mir
in der Geschichte unsers Geschlechts manche Schritte
und Erfolge ohne höhere Einwirkung unbegreiflich.
Daß z. B. der Mensch sich selbst auf den Weg der
Kultur gebracht, und ohne höhere Anleitung sich
Sprache und die erste Wissenschaft erfunden, scheint
mir unerklärlich und immer unerklärlicher, je ei=
nen längern rohen Thierzustand man bey ihm vor=
aussetzt. Eine göttliche Haushaltung hat gewiß über
dem menschlichen Geschlechte von seiner Entstehung
an gewaltet, und hat es auf die ihm leichteste Wei=
se zu seiner Bahn geführet.   Je mehr aber die
menschlichen Kräfte selbst in Uebung waren: desto we=
niger bedurften sie theils dieser höhern Beyhilfe, oder
desto minder wurden sie ihrer fähig; obwohl auch in
spätern Zeiten die größten Wirkungen auf der Erde
durch unerklärliche Umstände entstanden sind, oder
mit ihnen begleitet gewesen. Selbst Krankheiten wa=
ren dazu oft Werkzeuge: denn wenn das Organ aus
seiner Proportion mit andern gesetzt, und also für
den gewöhnlichen Kreis des Erdelebens unbrauchbar
geworden ist: so scheints natürlich, daß die innere

rast=

raſtloſe Kraft ſich nach andern Seiten des Weltalls
lebre, und vieleicht Eindrücke empfänge, derer eine
ungeſtörte Organiſation nicht fähig war, derer ſie
aber auch nicht bedurfte. Wie dem aber auch ſey,
ſo iſts gewiß ein wohlthätiger Schleier, der dieſe
und jene Welt abſondert; und nicht ohne Urſache iſts
ſo ſtill und ſtumm um das Grab eines Todten. Der
gewöhnliche Menſch auf dem Gange ſeines Lebens
wird von Eindrücken entfernt, derer ein einziger
den ganzen Kreis ſeiner Ideen zerrütten, und ihn
für dieſe Welt unbrauchbar machen würde. Kein
nachahmender Affe höherer Weſen ſollte der zur Freyheit erſchaffene Menſch ſeyn: ſondern auch wo er
geleitet wird, im glücklichen Wahn ſtehen, daß er
ſelbſt handle. Zu ſeiner Beruhigung und zu dem
edeln Stolz, auf dem ſeine Beſtimmung liegt, ward
ihm der Anblick edlerer Weſen entzogen: denn wahr-
ſcheinlich würden wir uns ſelbſt verachten, wenn wir
dieſe könnten. Der Menſch alſo ſoll in ſeinen künftigen Zuſtand nicht hinein ſchauen, ſondern ſich hinein glauben.

So viel iſt gewiß, daß in jeder ſeiner Kräfte
eine Unendlichkeit liegt, die hier nur nicht entwickelt
werden kann, weil ſie von andern Kräften, von
Sinnen und Trieben des Thiers unterdrückt wird,
und zum Verhältniße des Erdelebens gleichſam im

Bau-

banden liegt. Einzelne Beyspiele des Gedächtnisses, der Einbildungskraft, ja gar der Vorhersagung,
und Ahnung haben Wunderdinge entdeckt, von dem
verborgenen Schatze, der in menschlichen Seelen ru-
het; ja sogar die Sinne sind davon nicht ausgeschlos-
sen. Daß meistens Krankheiten und gegenseitige
Mängel diese Schätze zeigten, ändert in der Natur
der Sache nichts, da eben diese Disproportion erfordert wurde, dem einen Gewicht seine Freyheit zu
geben, und die Macht desselben zu zeigen. Der Ausdruck Leibnizens, daß die Seele ein Spiegel des
Weltalls sey, enthält vielleicht eine tiefere Wahrheit,
als die man aus ihm zu entwickeln pflegt; denn
auch die Kräfte eines Weltalls scheinen in ihr verborgen, und sie bedarf nur einer Organisation oder
einer Reihe von Organisationen, diese in Thätigkeit
und Uebung setzen zu dürfen. Der Allgütige wird
ihr diese Organisationen nicht versagen, und er gän-
gelt sie als ein Kind, sie zur Fülle des wachsenden
Genußes, im Wahn eigen erworbener Kräfte und
Sinne allmählich zu bereiten. Schon in ihren gegenwärtigen Fesseln sind ihr Raum und Zeit leere
Worte: sie messen und bezeichnen Verhältnisse des
Körpers, nicht aber ihres innern Vermögens, das
über Raum und Zeit hinaus ist, wenn es in seiner
vollen innigen Freude wirket. Um Ort und Stand
deines künftigen Daseyns gieb dir also keine Mühe;
die

die Sonne, die deinem Tage leuchtet, mißt dir deine Wohnung und dein Erdengeschäft, und verdunkelt dir so lange alle himmlischen Sterne. Sobald sie untergeht, erscheint die Welt in ihrer größern Gestalt: die heilige Nacht, in der du einst eingewickelt lagst, und einst eingewickelt liegen wirst, bedeckt deine Erde mit Schatten, und schlägt dir dafür am Himmel die glänzenden Bücher der Unsterblichkeit auf. Da sind Wohnungen, Welten und Räume —

Sie selbst wird nicht mehr seyn, wenn du noch seyn wirst, und in andern Wohnplätzen und Organisationen Gott und seine Schöpfung genießest. Du gelangtest auf ihr zu der Organisation, in der du als ein Sohn des Himmels um dich her und über dich schauen lerntest. Suche sie also vergnügt zu verlassen, und segne ihr als der Aue nach, wo du als ein Kind der Unsterblichkeit spieltest; und als der Schule nach, wo du durch Leid und Freude zum Mannesalter erzogen wurdest. Du hast weiter kein Anrecht an sie: sie hat kein Anrecht an dich: mit dem Hut der Freyheit gekrönt und mit dem Gurt des Himmels gegürtet, setze fröhlich deinen Wanderstab weiter.

Wie

Wie also die Blume da stand, und in aufge-
richteter Gestalt das Reich der unterirdischen, noch
unbelebten Schöpfung schloß, um sich im Gebiet der
Sonne des ersten Lebens zu freuen: so steht über
allen zur Erde gebückten der Mensch wieder aufrecht
da. Mit erhabnem Blicke und aufgehobenen Händen
steht er da als ein Sohn des Hauses, den Ruf seines
Vaters erwartend.

Wir wollen über diese so wichtige Abhandlung,
mein Bruder! einige Betrachtungen machen. Es ist
also gewiß, mein Bruder! daß des Menschen Zustand der letzte für diese Erde, und zugleich der erste für ein anders Daseyn sey. Der Mensch stellt
also zwo Welten vor, und dieses macht die anscheinende Duplicität seines Wesens aus. Er ist Thier
und Geist. Das Thier will lebenslang über den
Menschen herrschen; es zieht also unaufhörlich zum
Sinnlichen nieder; wenn der Geist hinauf zu einem
freyen Kreise will. Aus diesen Ueberlegungen werden
Sie finden, mein Freund! daß es also einen äußern
und innern Menschen gebe, einen Thier- und Geistmenschen. Der Thiermensch steht mit dem Körperlichen und Sinnlichen; der Geistmensch mit dem Geistigen und Intellektuellen in Verbindung.

Der

Der geistige Zustand muß weit den sinnlichen
an Vollkommenheit übertreffen, denn er ist eine höhere Stufe der Fortschreitung, und wir sehen auch,
daß, wie mehr die geistigen Kräfte des innern Menschen sich äußern, desto wunderbarer werden seine
Erscheinungen auf dieser Erde.

Da alles im Universum seine nothwendigen Gesetze
hat; das heißt, die ewigen Verhältnisse der Dinge,
ohne welchen die Dinge nicht seyn können, oder aufhören würden zu seyn: so ist es außer Zweifel, daß
die Verhältnisse des Geistmenschen von den Verhältnissen des Sinnlichen weit unterschieden sind. Da
also unsere Humanität nur Vorübung, nur die Knospe zu einer zukünftigen Blume ist; da unsere Erde
nur Uebungsplatz, Vorbereitungsstätte ist, so bleibt
uns auch kein Zweifel übrig, daß gewisse nothwendige Verhältnisse zur Entwicklung unsers zukünftigen
Zustandes schon hienieden nothwendig sind; und hierauf gründet sich die Sittlichkeit, Moralität, Religion.

Die Verhältnisse der Sittlichkeit sind die Gesetze
unsers zukünftigen Zustandes ; die Gesetze der Entwicklung des Geistes zu seiner künftigen Fortschreitung; sie sind die Gesetze der Aehnlichwerdung, der
Assimilation zur Gottheit, welches Menschenberuf
und Bestimmung ist.

Gott-

Gott, das höchste Wesen, die Einheit, der ewige und fortgehende Urquell aller denkenden und unmateriellen Prinzipien, die Wurzel aller Weltzahlen; die erste und einzige Ursache aller Dinge, das Zentrum, woraus die Kräfte und das Leben aller Wesen jeden Augenblick emaniren, und auf dieses Zentrum, als ihr Endziel wieder zurückstreben, mit einem Worte: Gott! der unter so verschiedenen Begriffen immer der nemliche Gott ist. Dieses Gottes-Seyn und Wirken ist ähnliche Hervorbringnng, Bestimmung zu ähnlicher Seligkeit, unendliche Liebe, unendliche Güte.

Wir sehen, daß in der Natur alles lebt, und wissen doch so wenig, was das Leben ist. Wenn ich Ihnen sage, mein Bruder! die Liebe ist das Leben, und das Leben ist die Liebe, so werden Sie mich vieleicht izt noch nicht verstehen; doch ist und bleibt es richtig, daß der Mensch nie wissen kann, was das Leben ist, wenn er nicht weis, was die Liebe ist.

Der Ursprung aller Liebe ist Gott, denn er ist das Leben, und könnte das Leben nicht seyn, wenn er nicht Liebe wäre.

Die Liebe besteht in unendlicher Thätigkeit, Hervorbringung ähnlicher Wesen; ihre Verhältniße

sind

find die der Assimilation, Aehnlichwerdung und Hang
zur Einswerdung. Dieses Gemälde ist freylich noch
zu schwach, zu unvollkommen, um Ihnen Begriffe
von dem zu geben, wovon ich Ihnen gerne, mein
Bruder! Begriffe geben möchte. Denken Sie sich
indeß, mein Bruder! die Gottheit als die Quelle alles Lebens, als den Mittelpunkt aller Kräfte,
die im Bewußtseyn ihrer Macht das seligste Vergnügen genießt, andere Wesen hervor zu bringen, und
sie zu ähnlicher Seligkeit zu bestimmen. Diese
Thätigkeit, dieses Hervorbringen, diese Aktion der
Gottheit ist Liebe.

Um Ihnen ein sinnliches Bild dieser intellektuellen Lehre zu geben, so stellen Sie sich die Sonne vor, deren wohlthätige Wärme als die Urquelle
alles Lebens dieser Erde alles hervorbringt. Bey
ihrer Annäherung steigt alles aus den Kräften des
Todes, ihre belebenden Blicke kleiden die Wiesen mit
Gras, und die Bäume mit Laub, sie bringt Verschönerung, Freude, Wonne hervor. Wie die Sonne, der Herold der Gottheit Leben und Kraft durch
die Urkraft, die Gott ist, dem Sinnlichen und Körperlichen giebt, so ist Gott dort, wo keine Sinne
sind, gleichsam die geistige Sonne, deren Annäherung geistiges Leben, geistige Schönheit hervorbringt.
Freylich ist alles dieses noch sehr undeutlich gesagt,

mein

mein Bruder! aber es wird eine Zeit kommen, wo Anschaulichkeit des Geistes Ihnen Dinge erklären wird, für welche unsre sinnliche Sprache keine Worte hat.

Alles was in der Schöpfung ist; ist gut, denn alles sind Werke der Liebe. Böses entsteht nur durch die Entfernung; in der Entfernug liegt zeitlicher und geistiger Tod.

Alles, mein Bruder! was im Universum ist, wirkt durch Aktion und Reaktion, durch Wirkung und Gegenwirkung; darinn bestehen die ewigen Verhältnisse der Dinge. Da Gott die reinste Liebe ist, so liebt er ewig jedes seiner Geschöpfe, und alle seine Aktion gegen sie ist Liebe, wie die Reaktion Gegenliebe seyn muß.

Da die göttliche Liebe alle Geschöpfe gleich liebt, alle zu gleicher Seligkeit bestimmt, so muß nothwendig das Gesetz der Gegenwirkung Gottes = und Nächstenliebe seyn; denn sonst gäbe es keine Assimilation, keine Aehnlichwerbung.

Dieses ewige Verhältniß der Gegenaktion des Geschöpfs bestimmt das Gesetz der Sittlichkeit, den

Haupt=

Hauptgrund der Religion: Liebe Gott über alles, und den Nächsten wie dich selbst.

Alle Wirkungen der reinsten Liebe sind Gutes; alles ist daher gut, was ein Werk des Schöpfers ist, und wahr ist das, dem die Güte ihre Existenz giebt: aus welchem Grunde Gott Wahrheit und Güte genannt wird.

Alles in dem Weltalle, das nach den ewigen Verhältnissen regiert wird, bezieht sich auf Güte und Wahrheit, es ist nichts im Himmel und auf Erde, das sich nicht auf Wahrheit und Güte gründet, und die Ursache ist, weil Gott die Liebe, und die Liebe die Quelle des Guten und Wahren ist.

Die Ordnung der Dinge erfodert die Vereinigung des Guten mit dem Wahren, das will sagen, das Gute kann nicht bloß in der Erkenntniß seyn, sondern es muß, um Leben zu erhalten, in Thätigkeit und Willen übergehen, und daher zur Existenz, zur Wahrheit werden.

Wie die Annäherung zur Liebe der Ursprung des Guten und Wahren wird, so ist Entfernung davon der Ursprung des Falschen und Bösen.

Die

Die Eigenschaft der Liebe ist Thätigkeit; die Liebe erhält ihre Existenz nicht, um sich selbst zu lieben; sie muß einen Gegenstand ihrer Aktion haben.

Um zu lieben, müssen zween seyn; der, der liebt, und der, der geliebt wird, damit die Liebe vereinigen kann, denn Vereinigung ist Zweck der Liebe.

Die Liebe lebt daher das Leben des andern; ihr Verlangen ist ein anders Ich zu werden. Die Analogie der Natur malt dieses herrliche Bild uns täglich mit unvollständigen Farben.

Einswerbung ist das große Gesetz der Liebe, daher alle Verhältnisse des Geschöpfs gegen den Schöpfer zu diesem großen Endzwecke zur Assimilation, zum Aufsteigen zur immer höhern Vollkommenheit, zur Annäherung zum Lichte, und der daraus entspringenden Glückseligkeit.

Das große Wesensgesetz ist Liebe; darauf gründet sich alle Sittlichkeit; darauf gründet sich die Religion.

Liebe

Liebe Gott, liebe deinen Nächsten wie dich selbst; darinn liegt der Innbegriff aller göttlichen Gesetze, die nur Gesetze der Liebe sind, Gesetze des Lebens, der Seligkeit.

Selbstliebe und Liebe zur Welt, oder Sinnlichkeit sind dem großen Endzwecke der Alliebe entgegen, denn durch sie hört die Reaktion auf, weil Selbstliebe alles auf sich konzentrirt, sich selbst zum Mittelpunkt aller Dinge macht: da dieser Mittelpunkt doch Gott als die Alliebe allein seyn soll, ohne welchen es keine Glückseligkeit giebt.

Gott und Nächstenliebe ist die Kette, die das Geschöpf an den Schöpfer, und Geschöpfe an Geschöpfe bindet. Selbst = und Weltliebe, oder die Liebe der Sinnlichkeit trennt dieses Band, und daher Verderben und Elend über den Menschen, weil die Kette zerrissen ist, die das Geschöpf mit Gott, der Leben und Liebe ist, verbindet.

Gutes und Wahres ist die Folge der ursprünglichen Liebe; Böses und Falsches die Folge der Selbstliebe und der Liebe der Welt.

Gehen Sie, mein Bruder! in das gesellschaftliche Leben zurück, und beobachten Sie aus den Handlungen

lungen der Menschen, ob diese Sätze nicht wahr
sind; woraus entspringen alle Laster, die die Menschheit verheeren, als aus der Selbstliebe? Woraus alle
Verblendungen, die uns zum Laster führen, als
aus der Liebe zur Welt und zur Sinnlichkeit? Sehen wir nicht ein, daß, je edler, je erhabner
der Mensch denkt, desto mehr ist er von Selbst- und
Weltliebe getrennt! Seine Sphäre ist von größerer
Wirksamkeit, er liebt die Menschen, und seine Endzwecke sind erhabner und fester.

Finden wir nicht, mein Bruder! daß alle ge-
sellschaftlichen Tugenden nicht nur auf dieses große
Gesetz gründen können und sollen? Der Atheist selbst
fühlt das große Bedürfniß, und glaubt die Pflichten der Nächstenliebe auf die Selbstliebe des Menschen zu gründen, ohne zu bedenken, daß diese
Selbstliebe der Ursprung des Bösen ist.

Alles ist eine Kette im Universum; der Atheist
gesteht dieses selbst ein; warum will er also diese
Kette trennen, von dem Wesen, das das Ganze
schuf, und es erhöht? —

Nein, ihr verblendete Sterbliche! ruft Mira-
baud aus, der Freund der Natur ist nicht euer Feind;
ihr Dollmetscher ist nicht der Diener der Unwahrheit;

K   der

der Zerſtörer eurer Phantome iſt nicht der Zerſtörer ſolcher Wahrheiten, die zu euerm Glücke nothwendig ſind; der Schüler der Vernunft iſt kein Unſinniger, der euch zu vergiften, der euch einen ſchädlichen Wahnwitz beyzubringen ſucht.

Man könnte hier wohl auch ſagen: nein, ihr Verblendeten! der Freund der Gottheit und der Religion iſt nicht euer Feind; ihr Dollmetſcher iſt nicht der Diener der Unwahrheit; der Zerſtörer eurer Phantome iſt nicht der Zerſtörer ſolcher Wahrheiten, die zu euerm Glücke nothwendig ſind. Der Schüler der Gottheit und der Religion iſt kein Unſinniger, der euch zu vergiften, der euch einen ſchädlichen Wahnwitz beyzubringen ſucht.

Mirabaud.

Wenn er der Freund der Natur jenen erſchrecklichen Göttern den Blitz aus den Händen reißt, die euch unruhig machen, ſo will er die Ungewitter zertheilen, die euch verhindern, euern Weg anders als bey dem ungewiſſen Scheine ihrer Blitze zu erkennen.

Ich.

Der Freund der Gottheit und der Religion kennt keine erſchrecklichen Götter; er kennt die Gottheit

heit nur unter dem Namen der Liebe; er wafnet
ihre Hände nicht mit Blitzen, die die Menschen unruhig machen sollen, sondern er zeigt ihnen nur,
daß ihre Entfernung von der Quelle des Lebens Ue-
bergang zum Tode sey; er zeigt, daß das Licht der
Gottheit nothwendig ist, um uns auf unsern Wegen
zu leuchten, weil Entferuung vom Lichte mit Fin-
sterniffen die Strasse deckt, auf der wir wandeln.

Mirabaud.

Wenn der Freund der Natur diese Götzenbilder
zerbricht, denen die Furcht Weihrauch, und Fanatismus und Wuth Menschenopfer bringen, so will
er die euch beruhigende Wahrheit an ihre Stelle setzen.

Ich.

Der Freund der Gottheit und der Religion haf-
set die Götzenbilder; der Gottheit, die er predigt,
wird nicht aus Furcht Weihrauch gestreut, dem Gott
der Christen bringen Fanatismus und Wuth nicht
Menschenopfer; er ist der Gott der Liebe, und der,
der ihn predigt, der will nur seine Liebe kennen lehren.

Mirabaud.

Wenn er, der Freund der Natur, jene Tempel und Altäre zerstört, vor denen ihr euch mit

knech-

knechtischem Weihrauche nahet, und die ihr mit
Thränen verlasset, so will er dem Frieden, der Vernunft und der Tugend ein bleibendes Monument er-
richten, das euch wider eure Raserey, wider eure
Leidenschaften, und wider die Macht derer, die euch
unterdrücken, zur Freystätte dienet.

Ich.

Friede, Vernunft und Tugend sind nur dort,
wo Gott ist, und nur der, der die heiligen Verhältnisse erfüllt, die das Geschöpf an den Schöpfer bin-
den, genießt des Friedens und des Lohns der Tugend; nicht knechtischen Weihrauch begehrt der Gott
der Liebe, — er begehrt das Herz des Menschen zum
Opfer; ihre Seele sind der Tempel und die Altäre,
die ihm angenehm sind; nicht Thränen des Sklaven;
Thränen der Liebe, die ein Kind vor seinem Vater
vergießt, sind die Thränen, die der Gottheit angenehm
sind. So lehrt die Schrift, so lehrte Christus.

Mirabaud.

Wenn er, der Freund der Natur, die hochmüthigen Foderungen jener von dem Aberglauben vergötterten Tirannen bekämpfet, die euch, gleich euern Göttern, mit eisernem Scepter zerschmettern,
so will er euch die Rechte eurer Natur sichern, euch

aus

aus elenden Sklaven zu freyen Menschen machen,
euch Menschen und Bürger zu Regenten geben, welche ihnen ähnliche Menschen und Bürger, von denen
sie ihre Gewalt haben, lieben und beschützen. Wenn
er den Betrug angreift, so geschieht es, um die
Wahrheit wieder in ihre Rechte einzusetzen, die der
Irrthum ihr so lange vorenthalten hatte. Wenn er
den eingebildeten Grund jener ungewissen, oder fanatischen Moral gestöret, die bisher nur euern Verstand geblendet hat, ohne euer Herz zu bessern, so
geschieht es, um eurer Sittenlehre einen unerschütter-
lichen Grund in eurer eignen Natur zu geben. Was
get es demnach, seine Stimme zu hören, welche weit
verständlicher ist, als jene zweydeutigen Orakelsprüche, die euch die Betrügerey im Namen einer ver-
fänglichen Gottheit verkündiget, die sich immer selbst
widerspricht. Höret die Natur, die sich niemals
widersprechen kann.

Ich.

Hört die Heiligkeit der Religion auf, wenn sie
je von Unsinnigen mißbraucht worden ist? Giebt es
keine Wahrheit mehr, wenn es je einige Menschen
gab, die Lügner waren? — O wie falsch, wie irrig
ist dieses nicht geschlossen! — Ist die Lehre Christi
nicht die Lehre der Liebe und Sanftmuth? Wenn die-

se

se Lehre also nicht erfüllt wurde, muß man diese
Lehre beschimpfen, zernichten, oder sollte nicht vielmehr der Vernünftige suchen, daß sie erfüllt und
beobachtet werde? Wer sichert uns mehr die Rechte
der Natur, der der Urheber der Natur ist? Wer
machte uns zu Sklaven, der Allvater der Liebe oder
die Sinnlichkeit? Wars nicht er, der mitleidig uns
die Bande abnahm, die uns an die Sünde und ans
Verderben ketteten? Wars nicht er, der uns wieder
zu freyen Menschen machte, da er uns alle jene
Mittel durch die Religion gab, durch die wir uns der
Sklaverey der Sünde entreißen konnten?

Wer giebt bessere Bürger, wer edlere Menschen,
als die Religion, wenn die Gesetze von den Menschen erfüllt werden? Wo ist Betrug in Christuslehre? Welche Moral ist erhabner, welche mehr dem
Menschen angemessen? Wer kann die Wahrheit in
ihre Rechte einsetzen, wenn der Mensch den verläßt,
der selbst die Wahrheit ist? Wo ist Fanatismus in
Christuslehre? Ist nicht Liebe, sanfte Schonung,
Unterdrückung der Leidenschaften und der Selbstliebe
ihr Inhalt? — Wagt es also, ihr Menschen, diese
reine Stimme zu hören, welche weit verständlicher
ist, als jene Orakelsprüche der Sinnlichkeit, die den
Grund zur Wahrheit in der todten Materie aufsu-
chen, Höret den Schöpfer der Natur, der kann sich

nicht

nicht widersprechen; die Natur ist sein Geschöpf, und
kann man das Geschöpf dem Schöpfer vorziehen?

Mirabaud.

„O ihr, sagt die Natur, die ihr dem Triebe
„zu Folge, den ich in euer Herz gelegt habe, in
„jedem Augenblicke eures Daseyns nach Glückseligkeit
„strebet, entzieht euch nicht meinen allgewaltigen
„Gesetzen. Suchet glücklich zu werden! Die Mit-
„tel dazu habe ich in euer Herz geschrieben. Um-
„sonst, Abergläubiger! suchest du deine Zufriedenheit
„außer den Grenzen dieser Erde, worauf ich dich
„gesetzt habe. Vergeblich erbittest du sie von jenen
„unerbittlichen Phantomen, die deine Einbildungs-
„kraft auf meinen ewigen Thron setzen will; ver-
„geblich erwartest du sie in jenen himmlischen Ge-
„filden, die dein Wahnsinn geschaffen hat; umsonst
„empfiehlst du dich eigensinnigen Gottheiten, derer
„Wohlthätigkeit du entzückt bewunderst, während
„daß sie dein Daseyn zu einem Gemische von Un-
„glück, Schrecken, Seufzen und Täuschungen ma-
„chen. Wage es denn, das Joch dieser Religion,
„meiner stolzen Nebenbuhlerin, abzuschütteln, und
„verkenne nicht länger meine Rechte. Entsage die-
„sen Göttern, die meine Macht an sich reißen, und
„kehre unter meine Gesetze zurück. Nur in meinem

„Reiche

„Reiche herrfcht wahre Freyheit. Trianney und
„Knechtfchaft find auf immer daraus verbannt. Die
„Billigkeit wacht für die Sicherheit meiner Unter=
„thanen, und erhält fie bey ihren Rechten; Wohl=
„thätigkeit und Leutfeligkeit verbinden fie mit lie=
„benswürdigen Ketten; die Wahrheit erleuchtet fie,
„und kein Betrug verblendet fie mit feinem finftern
„Gewölke ".

Ich.

Wo foll der Menfch feine Ruhe, feine Glück=
feligkeit fuchen, wenn nicht in Gott? Haben wir
nicht tägliche Beweife, wie, unzureichend das Ver=
mögen diefer Erde ift! wie wenig befriedigend wahre
Glückfeligkeit zu verfchaffen! Sind diefes Phantome
der Einbildungskraft, was die Analogie der Natur
nur verkündigt! Führt nicht alles, was hienieden ift,
zur Erkenntniß des Schöpfers, und drückt nicht je=
de reine Handlung das Siegel der Wahrheit feiner
Exiftenz in die Zufriedenheit unfers Herzens! —
Elender! wie kannft du es wagen, die Menfchheit
fo weit herab zu fetzen, und fie mit noch fchwerern Ket=
ten zu laften, als fie bereits die Sinnlichkeit bela=
ftet hat! Nur im Reiche Gottes, im Reiche der
Wahrheit herrfcht wahre Freyheit; Tiranney und
Knechtfchaft find das Antheil der Sinnlichkeit und

der

der Welt. Fühlst du sie nicht selbst täglich die
Bande; ziehen sie dich nicht immer zur Erde zurück,
da dein zur Unsterblichkeit erschaffner Geist sich aufwärts heben will? Unglücklicher! wie weit verführt
dich dein Irrthum! Du erkennst also die Stufe nicht,
auf der du stehst; nicht den Beruf deiner zukünftigen Entwicklung, die nothwendige Verhältnisse haben
muß, weil alles seine Verhältnisse hat. Wenn du
bloß Thier bist, so überlaß dich den Gesetzen des
Thiers, die schon in der Natur liegen; bist du aber
mehr, so erkenne deine Verhältnisse, und suche dieselben in der Wesenheit eines Gottes, der dir die
Bestimmung gab, ihm ähnlich zu werden.

Sie sehen aus diesem allen, mein Bruder!
wie irrthumvoll die Denkart derjenigen ist, die die
Religion zu bestreiten suchen. Immer wird das Zufällige mit dem Innern der Sache vermischt; man
glaubt die Religion anzugreifen, da man den Mißbrauch der Religion bestreitet. Es bleibt immer wahr,
mein Freund! daß das Christenthum gewisse Dinge
von unbeschreiblicher Stärke und höchstem Gewichte
enthält, die sich nicht schreiben lassen. So lang
diese als ein Heiligthum nur den wahren Inhabern
der heiligsten Lehre bekannt blieben, war das Christenthum in seiner Vollkommenheit und hatte Ruhe:
nachdem aber die Kaiser und die Grossen der Erde
anfien-

anfiengen, ihren Fuß ins Heiligthum zu ſetzen, und
mit unvorbereiteten Augen ſehen wollten, ſobald
man die Religion mit der Weltpolitik vermengte, ſo
erfolgten Spaltungen und Ungewißheit.

In den erſten Zeiten wird man die erhabenſten
Grundſätze der Sittenlehre bey den Chriſten finden,
welche Grundſätze nicht allein gelehrt, ſondern auch
und oft von Menſchen, welche nicht die mindeſte Un-
terweiſung bekamen, und oft vom niedrigſten Her-
kommen waren, auch manchmal von den unverſtän-
digſten aus dem Frauenvolke mit der äußerſten Strenge in Ausübung gebracht worden ſind. Wenn man
in dieſe Zeiten zurückſieht, mein Bruder! ſo finden
Sie Menſchen, die in der wahren Geringſchätzung
ihrer ſelbſt alle äußerliche Ehre und Ruf der Menſchen für das, was ſie ſind, für nichts halten, und
niemand als ſich ſelbſt bekannt, und ſich ſelbſt alles,
ein von den Augen der Menſchen entferntes und
ſtilles Leben führen. Sie ſehen Menſchen, die ſich
aus freyem Muthe aller Glücksgüter begaben, von
ihren Rechten zu groſſen Habſchaften abſtunden, und
um ihre Brüder aus kümmerlichen Umſtänden zu reißen, ſich ſelbſt mit geringem Unterhalte begnügten.
Da lehren uns Beyſpiele eine liebreiche Sanftmuth
in unſerm Betragen; die Großmuth erlittene Unbil-
ben zu verachten; ſeinem Feinde Haß mit Liebe zu
ver-

vergelten, und die Stärke des Geistes, eher die grausamsten Martern auszustehen, als ein Gesetz des Herrn zu übertreten.

Sie finden in selben Zeiten Menschen, mein Bruder! die sich in Einsiedeleien mit der härtesten Arbeit ernährten, und noch dazu ihre geringe Lebens= Nahrung mit den Armen theilten. Sie finden Män= ner, die all ihre Kräfte dahin gerichtet haben, wie sie sich immer mehr und mehr in dem Leben der Prüfung Gott ähnlich bilden möchten. Allein, da man diese Vorschrift der Heiligkeit verließ, da Hof= priester entstunden, die sich immer mehr von der ur= sprünglichen Reinheit entfernten, alles Politische chri= stianisirten, und alles Christliche civilisiren wollten, da entstunden Sophisten, welche mit Unkraut wucher= ten; da überzogen sie mit Tod und Finsterniß das, was vorhin Licht und Leben war.

Alle diese Verderbnisse, mein Freund! waren die Ursache, warum bis auf diese Zeiten das Gebäu= de des Christenthums selbst in seinen ersten Gründen angegriffen wurde; indem der Irrthum das Heilige mit jenem falschen Gebäude des Stolzes und der Unwissenheit vermechselte. So schritten die Menschen zum Deismus; so einige zum Materialismus, ohne zu bedenken, daß das Heiligthum der Religion im=

mer

mer unerschüttert blieb, und daß die Mißbräuche,
die sich einschlichen, nicht zur Wesenheit der Religion
gehörten. Sie werden begreifen, mein Bruder, daß
die Religion immer heilig bleibt, wenn auch von
dem ersten Priester an bis auf den letzten ihre Lehre
nicht befolgt wird. Hört die Phisik auf Phisik zu
seyn, wenn die, die sich dieser Wissenschaft befleis-
sen sollten, ihre Gesetze vernachläßigen? Die Wahrheit bleibt immer in der Natur, und wenn auch alle
Menschen zu Lügnern würden.

Aus allem Vorhergegangenen, mein Bruder!
sehen Sie ein, wie sich die Religion in dem Zusammenhange und der Wesenheit des Ganzen gründet;
Sie wissen, daß alles Verhältnisse hat, und daher
auch das, was wir Geist in uns nennen, seinen
Gesetzen höherer Bestimmung unterworfen ist. Eine
höhere uns zukünftige Stufenfolge hat ihre Verhältnisse der Entwicklung unsers gegenwärtigen Zustandes;
darauf gründet sich, wie ich Ihnen oben schon gesagt habe, Sittlichkeit oder Moralität. Ich habe
Ihnen oben gesagt, daß das große Bestimmungsge-
setz des Menschen, Annäherung zur Gottheit ist; ich
habe Ihnen gesagt, daß das Böse nicht wesentlich
in der Natur lag, sondern nur seinen Ursprung in der
Entfernung des Menschen von Gott als der Allgüte
nahm. Weil also alles das Uebel Entfernung von

der

der Urquelle des Guten ist, so führt uns diese Betrachtung auf den Gedanken, daß der Mensch einst
auf einer höhern Stufe müsse gestanden seyn, von
der er sich willkürlich herabstürzte.

Diese Entfernung konnte in nichts anderm bestehen, als daß er seine hohe und geistige Bestimmung verließ, und zur Sinnlichkeit herabstieg.

Wir sehen, daß Elend und Unglück der Antheil
der Menschen auf diesem Erdballe ist; Thränen erwarten uns, wenn wir in die Welt treten, und
Kummer begleitet uns bis an die Grube; alles dieses ist Antheil der Sinnlichkeit; durch sie kömmt
Dunkelheit und Verwirrung. Das eigentliche Ver-
brechen des Menschen bestund also in dem Uebergan-
ge von dem Nichtsinnlichen zum Sinnlichen; durch
sie wurde er an die Gesetze der Zeit und des Raums
gebunden, und er verlor durch den falschen Genuß
seine königliche Würde.

Mit seiner Versinnlichung verschwand jene un-
verwundbare Hülle des ursprünglichen Menschen, und
so fühlte er seine Nacktheit, und da er sich unter
einen thierischen Körper verhüllte, war er, da er verschiedner Sinnlichkeiten empfänglich wurde, zugleich
den Gefahren der Elemente ausgesetzt.

                                        Dieser

Dieſer ſterbliche Ueberzug, mein Freund! iſt nun der Siz und die Urſache all unſrer Leiden. Wir müſſen dieſe Hülle ablegen; dieſes iſt unſre Strafe, unſere Beſtimmung, das Geſez des Todes.

So tief, mein Bruder! ſind wir geſunken; allein ungeachtet, daß wir tief herabſanken, ſo iſt uns doch die Hofnung zur gänzlichen Wiederherſtellung nicht benommen. Wir müſſen auf einem Wege gleich einem Wanderer, der viele Berge zu erſteigen hat, hinanglimmen bis wir das Ziel erreicht haben, das ſich in den Wolken verliert. Das verlorne Licht wieder zu erlangen, dieſes iſt der Gegenſtand des großen Werkes des Menſchen, ſeiner Aufſchwingung, ſeiner Wiedergeburt, ſeiner Erlöſung.

Doch genug! die nachkommende Sache iſt zu wichtig; wir wollen künftige Nacht ihrer Betrachtung weihen.

Achte

Achte Nacht.

_____

Was kann wohl einem Menschen, mein Bruder! dem die Religion heilig iſt, für ein Wunſch
wichtiger ſeyn, als der, daß ſeine Meinung die
Wahrheit ſelbſt ſeyn möchte.

Es muß eine gutdenkende Seele gewiß ſehr be-
trüben, wenn ſie den Gedanken denket, daß die
heiligſte Lehre, die bloß auf Menſchenglückſeligkeit
abzielt, ſo vielen Verfolgungen von jeher ausgeſetzt
war: allein, mein Bruder! die Wahrheiten der Religion haben ihren Urſprung von einem Gotte, welcher heute und in Ewigkeit eben der Gott bleibt,
der er geſtern und von Ewigkeit her war. Alſo
müſſen ſie ihrer Natur nach eben ſo unveränderliche
Wahrheiten bleiben, als er unveränderlich Gott iſt.
Iſt eine Lehre göttlich, ſo iſt ſie nicht darum Wahrheit weil ſie heute erſt erkannt und geglaubt wird,
oder weil ſie viele Jahrhunderte nacheinander geglaubt
worden iſt; eben ſo wenig, als ein Irrthum göttlich werden kann, wenn er auch mehr als ein Welt-
alter hindurch für göttlich gehalten worden wäre.

Das

Das Reich Gottes auf dieser Erde besteht aus
Menschen, welche diese Wahrheiten erkennen, die
im Schoose der Religion ruhen. Sind auch die
Unterthanen einer so gütigen Regentin öfter untreu
gewesen; sind oft ihre gütigen Einflüsse manchmal
mit Gewalt, manchmal mit List gehindert worden;
haben sich ihr auch manchmal unrechtmäßige Mit-
beherrscher aufgedrungen, so ist doch in ihrem Innern niemals was verändert worden. Die Sonne
bleibt immer Sonne, wenn auch Nebel ihren Antlitz für uns verdecken, oder Wetterwolken ihren Lichtstral rauben. Sie kommt immer unverändert wieder
hervor, und erleuchtet gutthätig die Geschöpfe.

Dem menschlichen Geschlechte, mein Bruder!
hat es nie an Gelegenheit gefehlt, den Weg zur
Wahrheit und Glückseligkeit zu finden, welcher zu
Gott der einzigen Quelle des Lichtes führt. Dieses
bezeugen alle Anstalten, die er der Religion zum
Besten gemacht hat.

Wenn wir die Geschichte der Religion mit einem unpartheyischen Herzen durchgehen, so finden
wir die Bestätigung dieser Wahrheit. Sie lehrt
uns, daß sich die Wahrheit allzeit wider den Irrthum erhalten habe. Man darf weder vor den Fein-
den, noch vor den Verfälschern des Glaubens in

uns-

unfern Tagen mehr zittern; fie macht uns feft in
der heilfamen Lehre, die man aus der Offenbarung
erlernt hat, und unfere Herzen werden nicht mehr
wanken.

Es ift fehr nothwendig, mein Bruder! daß Sie
mit einem unpartheyifchen Auge die Kirchengefchichte
durchgehen, denn zu dem großen Haufen der gänz-
lich Ungläubigen in unferm Jahrhunderte treten noch
eine Menge Schwärmer hinzu, die aus verfchiedenen
Irrthümern, die Ihnen, mein Bruder! die Ge-
fchichte aufklären wird, Sifteme zufammenfchmieden,
die ebenfalls von der Wahrheit entfernen und zum
Irrthume führen. So waren die Effäer, Therapeuten und Dofitianer nebft noch andern nicht frey von
Irrthümern, die ich Sie kennen lehren werde, damit Sie den Werth der Religion in feiner ganzen
Reinheit einfehen.

Gott hatte bey der Schöpfung des Menfchen
die Abficht, mein Bruder! daß er mit allen feinen
Nachkommen gehorfam gegen feinen Willen,
aus feiner Hand Freude und Glückfeligkeit erwarten follte; diefes bezeugen alle Anftalten, die er der
Religion zum Beften gemacht hat. Er felbft nahm
den erften Menfchen bey der Hand, und führte ihn
auf diefen Weg. Doch Adam blieb nicht auf dem-

      L   fel-

selben; er verlor ihn aus den Augen, sobald er
selbst der Schöpfer seiner Glückseligkeit werden wollte. Wo wäre die Religion nach seinem Falle gewesen, wenn Gott selbst nicht dieses Licht wieder
angezündet hätte? Wo ist derjenige, der sich rühmen könnte, so unfehlbar zu seyn, als Adam war,
da er aus der Hand Gottes kam? Gott offenbarte
von Zeit zu Zeit einigen Rechtschaffnen seinen Willen, bis er endlich unter allen Völkern ein Volk
aussonderte, unter welchem die Religion eine beständ-
dige Wohnung haben sollte. Er selbst führte sie
auf eine Art, die seiner Größe und Majestät und
ihrer Würde anständig war, unter dieses Volk ein.
Der Donner von Sinai, die dicke Wolke, worinn
dieser Berg vor dem Volke eingehüllet wurde, das
seinem Gott entgegen gebracht worden war, das
Tönen einer starken Posaune, das Feuer, in welchem der Herr herabkam, hätten bey den Israeliten
einen so lebendigen Eindruck zurücklassen sollen, daß
sie niemals nachläßige und ungetreue Verwahrer der
ihnen verkündigten Wahrheiten geworden wären. Allein kaum schwiegen die Donner; der Sinai rauchte
nicht mehr; Gott hatte dem Volke nur seine außerordentliche Gegenwart entzogen; Moses war nur einige Tage abwesend: so erfuhr die nur verkündigte
Religion solche Schicksale, die sie kaum hätte erwarten können, wenn sie eine bloß menschliche Erfin-

dung

dung gewesen wäre. Die Leidenschaften des Volkes
foderten eine andere Religion, und wenn Aaron die
Wahrheit nicht aus Ueberzeugung aufopferte: so
ward er aus Furcht ihr Verräther. Er machte dem
so sehr zur Veränderung gereiztem Volke andere Göt-
ter, die vor ihm hergehen sollten. Wenn es unter
den Abtrünnigen auch heimliche Verehrer des wahren
Gottes gab; wiewohl die Offenbarung uns keine
Nachricht giebt: wo würde ohne die Wiederkunft
Mosis, oder vielmehr ohne einen außerordentlichen
Beystand, die sichtbare und ununterbrochene Folge der
Religion geblieben seyn?

Moses kam vom Sinai zurück, und Gott ließ
sich durch das Gebeth seines Gesandten, oder vielmehr durch seine Gnade gegen das menschliche Geschlecht, bewegen, der Religion das Ansehen wieder
zu geben, das sie ganz verloren zu haben schien.
Tausend Empörungen wider seinen Führer und Gott
waren gleichsam Weissagungen von den Veränderungen, die ihr unter einem so leichtsinnigen Volke be-
vorstunden. Ihre Gesetze waren zwar in steinerne
Tafeln gegraben; zum Beweise, daß Gott verlangte, sie sollten noch unvergänglicher in den menschlichen Gemüthern seyn. Allein wie oft mußte sich
nicht dieses Licht unter den Wolken der' Abgötterey
verbergen! Wie oft mußte Gott außerordentliche

Män-

Männer erwecken, diese Wolken zu zerstreuen, damit seine Wahrheit wieder in ihrem göttlichen Glanze leuchten konnte. Er hatte zwar unter den Juden
einen ganzen Stamm ausgesondert, dessen Pflicht
es war, beständig für die Erhaltung der Religion
zu sorgen. Doch sie würde sich, aller Priester und
Hohenpriester ungeachtet, der Erde wieder entzogen
haben; denn eben die Priester und Hohenpriester
wurden sehr oft ihre Verräther, wenn Gott nicht
einen Propheten nach dem andern gesandt hätte,
sich der verlassenen Wahrheit anzunehmen, und sie
von ihrer Flucht aus der Erde zurück zu rufen. Ihr
Urheber hatte beständig Ursache zu klagen: Die
Priester gedenken nicht, wo ist der Herr? die
Gelehrten achten mein nicht; die Hirten führen die Leute von mir; die Propheten weis-
sagen von Baal und hangen an unnützen
Götzen. Gehet in die Inseln Chitim; sendet
in Kedar, und merket mit Fleiß und schauet,
obs daselbst also zugehe; ob die Heiden ihre
Götter ändern wiewohl sie doch nicht Götter
sind. Sind diese Klagen nicht eine getreue Geschichte der veränderlichen Schicksale, welche die Religion
unter den Juden erfahren hat? War nicht die Unbeständigkeit dieses Volkes gegen ihre Gesetze Ursache,
daß es Gott aus dem Lande hinauswarf, welches
nur zu seinem Besitze bestimmt war, und nicht

durch

durch die Altäre fremder Götter verunheiliget werden
sollte? Kein Volk ist mit so viel Unglück überschüt-
tet, und in einer so langwierigen Empfindung seiner
Drangsale erhalten worden, als das jüdische Volk.
Man hat Länder verwüsten, ihre Einwohner zu Sklaven verkaufen, ganze Völker aus einem Reiche zu
Kolonien in andre Länder wegführen sehen. Aber
nach und nach haben sich die Ueberwundenen mit
den Ueberwindern vermenget; sie haben in den Län-
dern ihrer Gefangenschaft ein neues Vaterland wie-
dergefunden; sie haben ihren ersten Samen verloren,
und vieleicht sind ihre ersten Nachkommen unter einem fremden Namen wieder groß und mächtig geworden. Die Juden aber blieben in ihrer langen
Gefangenschaft ein besonderes Volk; also waren ihnen ihre Bedrängnisse weit unerträglicher, als andern
besiegten Völkern, weil sie keine Hofnung hatten,
an dem Glücke ihrer Ueberwinder einmal Theil zu
nehmen. Man darf sich darüber nicht wundern.
Denn da sie Gott eben wegen der Unbeständigkeit
ihrer Religion seinen Zorn empfinden lassen wollte:
so war es seiner Weisheit anständig, diese Strafe
deutlich von andern Zorngerichten zu unterscheiden.
Es sollte nicht allein das jüdische Volk, sondern der
ganze Erdkreis, aus der Beschaffenheit der Strafe
mit Gewißheit schließen können, daß die verabsäum-

tt

te und beleidigte Religion an ihnen gerächtet worden sey.

Dieses war der Lohn ihrer Unbeständigkeit in
der wahren Religion. Sie wurden gebeugt; ihr
Elend nöthigte sie, sich vor dem Gott ihrer Väter
zu demüthigen. Bald darauf wurden sie nach den
Weissagungen ihrer Propheten wieder in ihr Land
zurückgeführt, und die Religion fieng an unter ihnen in einem neuen Lichte zu schimmern. Die schrecklichen Drangsalen, die sie ausgestanden hatten, machten zum wenigsten die größte unter allen göttlichen
Wahrheiten unauslöschlich. So leicht sie vorher den
wahren Gott verlassen, und ihre Herrlichkeit um
nichtige Götzen verkauft hatten; so groß wurde nunmehr ihr Abscheu vor der Abgötterey. Es waren
keine Martern, keine Verfolgungen unter den Macha-
bäern so groß, denen sie sich nicht lieber Preis geben, als daß sie den Götzen hätten räuchern sollen.
Und dennoch war die Religion nicht vor allen Veränderungen unter ihnen gesichert. Man hätte zwar
aufgehört Abgötterey mit seinen Sinnen zu treiben.
Nunmehr aber glaubten sie der Religion noch Ehre
zu machen, wenn sie die Einfälle ihrer Vernunft
und die Erfindungen einer thörichten Weisheit vergötterten. Sie hatten vordem die Stimme der Vernunft über das Ansehen der Religion nicht gehört;

denn

denn fie würden, wenn fie ihren Ruf gehört hätten,
nicht fo oft Abgötter geworden feyn, weil die Abgötterey nicht ein Mißbrauch, fondern eine gänzliche
Unterdrückung diefes natürlichen Lichtes ift. Nunmehr aber räumten fie ihrer Vernunft allzuviele Rechte ein. Unterfteht fich der menfchliche Verftand
nicht, eine eigne Religion zu machen: fo maßt er
fich zum wenigften die Gewalt an, die wahre Religion mit den Grundfätzen, feiner Leidenfchaften zu vereinigen, und fie durch eigne Zufätze zu vermehren.
So gieng es nunmehr unter den Juden. Sie waren
in ihrer Gefangenfchaft mit der Weisheit der orien-
talifchen Völker, wenn man ihre Thorheiten alfo
nennen darf, bekannt worden. Einige wollten diefe
Wiffenfchaften nicht vergebens haben; fie wollten
eine Vereinigung zwifchen der Wahrheit und dem
Irrthume ftiften. Andere widerfetzten fich diefer Vereinigung, und unter dem Vorwande, fich der Religion anzunehmen, fuchten fie den Menfchen ihre ei-
genen Gedanken und Meinungen, als göttliche Ausfprüche aufzudringen. Die Juden hatten fich nicht
lange vor der Ankunft Jefu Chrifti in verfchiedene
befondere Partheyen getheilet, die alle ihre befon-
dern Meinungen über die Religion hatten, und alle
behaupteten, daß ihre Lehrfätze die Ausfprüche der
Offenbarung wären, denen niemand feinen Beyfall
verfagen dürfte. Wie fehr war die Religion unter

den

den Juden von der Religion Moses und der Propheten unterschieden! Welch eine Reinigung bedurfte sie nicht! Gab es nicht unter ihnen Pharisäer,
Essäer, Sadducäer, Therapeuten, und andere Sekten mehr? Und behauptete nicht jede darunter, daß
sie die rechtgläubigste wäre? Bey welcher war nun
die beste Religion? Wo war die sichtbare und ununterbrochene Folge derselben?

Gleichwohl hatte Gott die weisesten Anstalten
gemacht, die Religion unter seinem Volke vor aller
Veränderung und Verfälschung zu bewahren. Er
hatte die Juden auf eine sehr merkwürdige und sichtbare Weise von andern Völkern unterschieden. Der
äußerliche Gottesdienst war so eingerichtet, daß nicht
allein der Verstand und das Herz, sondern auch die
Sinne beschäftigt und unterhalten wurden. Alle
Veränderung war durch die fürchterlichsten Drohungen
untersagt. Die bürgerliche Ruhe und Glückseligkeit
war auf das genaueste mit der Reinigkeit der Religion verbunden. Und dennoch konnten sie diese und
noch mehr Anstalten nicht vor der Veränderung schützen. So sehr übertreibt der menschliche Verstand
seine Freyheit; er will mehr als frey, er will un-
unterwürfig seyn, obgleich eben diese Begierde, sich
unabhängig zu machen, der gewisse Weg zur Sklaverey ist.

Jesus

Jesus Christus kam, der Religion nicht nur
ihre ursprüngliche Schönheit wieder zu geben, alle
fremden und menschlichen Zusätze davon abzusondern,
und nach einem erhabenen Ausdrucke eines Propheten, das Silber zu schmelzen und zu läutern, sondern auch die göttlichen Wahrheiten durch neue Zusätze, die eben so göttlich sind, zu erhöhen. Er
wollte, weil in ihm alle Opfer und Vorbilder erfüllt wurden, den allzu sinnlichen Gottesdienst aufheben, und die Religion so einrichten, daß sie nicht
an ein besonders Volk gebunden bliebe, sondern sich
auf dem ganzen Erdkreise ausbreiten, und bey allen
Völkern eine Wohnung finden könnte. In den Lehren, die er selbst verkündigte, und seinen Aposteln
zu verkündigen befahl, herrschten, sehr wenige Geheimnisse ausgenommen, die größte Deutlichkeit und
die edelste Einfalt. Die Vernunft selbst hatte, wenn
sie sich ihnen mit Aufrichtigkeit und ohne Vorurtheile nahete, Ursache, vollkommen mit ihnen zufrieden
zu seyn. Die Offenbarung öffnete dem menschlichen
Verstande weitere Aussichten, zeigte ihm sichere Wege der Glückseligkeit, und erklärte ihm sehr vieles in
der Schöpfung, was ihm vorher ohne dieses Licht
unverständlich und ein Räthsel gewesen wäre. Die
Gesetze der Sittenlehre Jesu Christi forderten nichts,
was nicht auch die Gesetze der natürlichen Billigkeit
foderten, wenn sie recht verstanden wurden. Ver-

lang-

langte sie auch einige neue Tugenden; so waren sie
so beschaffen, daß eine unpartheyische Vernunft ein-
räumen mußte, daß sie der größte und erhabenste
Schmuck der menschlichen Natur wären. Dieses alles zu beweisen, braucht man weiter nichts zu thun,
als die Lehren bloß anzuzeigen, derer Glauben und
Ausübung die Offenbarung befiehlt.

Die Offenbarung zeigt neue Aussichten in der
Schöpfung, und besonders in dem vernünftigen Theile derselben. Man erkennet wohl, daß die ganze
Natur, vermöge der manchfaltigen Ordnung und
Schönheit, welche darinn ausgebreitet ist, kein
Werk eines blinden Zufalls seyn kann. Allein, wenn
die Welt das Werk eines weisen Wesens ist, woher
kommen die unzählbaren Unvollkommenheiten, besonders die moralischen? Wo ist der Ursprung des Bösen zu suchen? Sieht man besonders die Menschen
an, so bemerkt man wohl an ihrem Verlangen,
glückselig zu seyn, daß sie nicht zum Elende bestimmt seyn müssen. Allein warum sind sie doch unglückselig, und warum haben sie bey aller der Größe ihres Verstandes nicht so viel Einsicht, daß sie
einen sichern Weg zur Glückseligkeit finden können,
die sie doch so begierig suchen? Die Offenbarung
reißt uns aus dieser Ungewißheit, und läßt uns
nicht auf die thörichte Meinung gerathen, daß et-

wa eine feindselige Gottheit die Geschöpfe eines weisen und gütigen Wesens aus Neid verunstaltet habe.
Alle Geschöpfe sagt sie, waren gut, als sie aus der
Hand Gottes hervorgiengen. Er sah an, was er
gemacht hatte, und sieh, es war alles sehr
gut. Die reinen Geister und die mit einem Körper
bekleideten Menschen waren ohne Sünde, und also
vollkommen. Vom obersten Seraph bis zum niedrigsten Wurme herunter, herrschte eine allgemeine
Ordnung und Uebereinstimmung; alle Theile der
Schöpfung stunden in dem vollkommensten Verhältnisse gegeneinander. Die größte Schönheit der Geister ist die Freyheit. Doch weil sie endlich waren,
konnten sie das beste Geschenk mißbrauchen. Es ge-
schah. Einige der erhabensten Geister wurden Gott
ungehorsam, und diese verleiteten die ersten Menschen, Theil an ihrem Ungehorsame zu nehmen.
Nunmehr braucht man die Ursache des Bösen nicht
mehr in der Materie zu suchen. Sie liegt in der
gemißbrauchten Freyheit der Geister, des ersten Menschen und seiner Nachkommen. Die Unordnung in
der Geisterwelt zog tausend Unordnungen in der Kör-
perwelt nach sich. Die Menschen sind nunmehr schon
in ihrer Geburt verderbt. Sie sind aus sündli-
chem Samen gezeugt, und ihre Mütter haben
sie in Sünden empfangen. Der Tod ist mit
der Sünde zu allen Menschen hindurchgedrun-
gen.

gen. Dieses natürliche Verderben vergrößern die
Menschen durch freywillige Mißhandlungen: Ihr
Dichten ist böse von Jugend auf, und immer-
dar. Man darf sich nunmehr nicht wundern, daß
die Menschen unglückselig sind, und sich selbst aus
ihrem Elende nicht herausreißen können. Die Unglückseligkeit, in welcher sie seufzen, ist ihr eignes
Werk; sie ist eine natürliche Folge der moralischen
Unordnung, die sie in sich selbst angerichtet haben.
Allein soll diese Unordnung in der Welt einer gütigen Gottheit bleiben? Soll der Mensch immer unglückselig seyn? Und wer kann die Ordnung und ursprüngliche Schönheit wieder herstellen? Die Vernunft schweigt auf alle diese Fragen. Die Offenbarung beantwortet sie.

Die christliche Religion zeigt uns also neue
Aussichten in der Gottheit. Das Verderben des
Menschen hatte zwar nicht allen Begriff von einem
höchsten Wesen in ihrer Seele verlöscht. Allein sie
hatten die Gottheit vervielfältiget, und sie fast unter alle Kreaturen vertheilet. Dieses war der Ursprung und die wahre Gestalt der Abgötterey. Die
Offenbarung lehrte also, daß nur Ein Gott sey,
der Schöpfer und Herr alles dessen, was sichtbar
und unsichtbar ist. Doch sie lehrte noch mehr. Dieser einzige Gott war der Vater, der Sohn und der
Geist.

Geiſt. Der Vater war von dem Sohne, und dem
Geiſte; der Sohn von dem Vater und von dem
Geiſte; und der Geiſt von dem Vater und Sohne
wirklich unterſchieden. Und der Vater, der den
Sohn von Ewigkeit her gezeuget hatte, der Sohn,
der das ewige Ebenbild des Vaters, und der Geiſt,
der von dem Vater und von dem Sohne ſeit der
Ewigkeit her ausgegangen war, dieſe drey waren in
Einem Weſen Gott. Sie haben an allen Vollkommenheiten, an allen Handlungen, und an der Anbetung der Gottheit, einen gleichen Antheil. Keiner von ihnen iſt allein das göttliche Weſen, ſondern er iſt nur in demſelben. Indeß ſind die
Namen des Vaters, des Sohnes, und des Geiſtes
nicht bloſſe Namen, die nur einem und eben demſelben, in gewiſſen Abſichten zugeeignet würden.
Man müßte ſonſt die Reden Jeſu Chriſti der Unge-
reimtheit beſchuldigen, wenn er ſagt: daß er vom
Vater komme, daß ihn der Vater geſandt habe,
daß er den heiligen Geiſt ſenden werde, daß er und
der Vater Eins ſey. Diejenigen ſelbſt, welche ſeine
Gottheit läugnen, geſtehen zum wenigſten ein, daß
er unter allen Weſen den weiſeſten und erhabenſten
Verſtand beſitze. Wer wollte einen Menſchen aber
auch nur für halbvernünftig halten, der, wenn er
ſpräche: Ich und mein Vater ſind Eins, damit ſagen wollte: Ich und ich bin Eins,

Die-

Dieser Gott fodert unsere Herzen und unsere
Anetung. Allein er will diese Ehre mit keinem
seiner Geschöpfe theilen. Alle religionsmäßige Verehrung irgend einer Kreatur, sie mag so erhaben
und edel seyn als sie will, sieht Gott als einen
frevelhaften Eingriff in seine Rechte an. Er ist
eben der Gott, den die Juden angebetet haben.
Seine Verehrung kann durch historische Beweise, bis
zum Ursprunge der Welt hinaufgeführet werden.
Doch das Geheimniß der drey Personen in einem
göttlichen Wesen, ein Ausdruck, den der Irrthum
nothwendig gemacht hat, ist der jüdischen Kirche
nicht so deutlich offenbaret worden, als den Christen. Diese Lehre ist über den Begriff der Vernunft; allein sie streitet nicht wider ihre gesunden
Grundsätze; vielleicht hängt sie auch mit der Kette
der Wahrheiten, die wir begreifen können, zusam-
men, und es werden nur durch heilige Wolken diejenigen Glieder verborgen, durch welche es mit jenen zusammenhängt. Allein wie es sich auch damit
verhalten mag, so muß uns das genug seyn, daß
die Ewigkeit unsere Einsicht erweitern wird. Die
Religion lehret also die Dreyeinigkeit Gottes.

Dieser Gott sah von Ewigkeit her den Fall
des menschlichen Geschlechts, seinen Ungehorsam und
Aufruhr gegen seine Gesetze, derer Beobachtung sie

zu

zu der Glückseligkeit geleitet hätte, welche sie nun
ohne ihn entbehren. Er beschloß nach seiner unend=
lichen Güte, sie von ihrem Falle wieder aufzurich=
ten. Indeß forderte seine Heiligkeit; (denn der
Gott der Christen ist ein Gott der Ordnung,) ein
Versöhnopfer. Wie hätten sonst seine Geschöpfe sei=
nen Haß gegen moralische Unordnungen erkennen und
bewundern können? Dieses Opfer mußte so groß
seyn, als sein ewiger Haß gegen die Sünde. Der
ewige Sohn des Vaters erbot sich, dieses Opfer
zu werden, und weil er solches der Gottheit nach
nicht seyn konnte, die menschliche Natur mit der
göttlichen zu vereinigen. Ehe er dieses noch that,
ward viele Jahrhunderte vorher dem ganzen mensch=
lichen Geschlechte ein Erlöser verheißen. Die Weiß=
sagungen wurden erfüllet; er kam und nahm in
dem Leibe einer Jungfrau die elende Gestalt der
Sünder an, und ward den Menschen, ihre Sünde
ausgenommen, in allen Stücken gleich. Er verkün=
digte in dem niedrigsten Aufzuge die göttlichste und
erhabenste Tugend. Seine menschlichen Handlun=
gen und sein Tod für die Versöhnung unsers Ge=
schlechts bewiesen seine Menschheit; und sei=
ne Wunder, und die noch größern Wunder sei=
ner Jünger, bewiesen seine göttliche Sendung und
Natur. Er starb und versöhnte durch sein Leiden
und seinen Tod die Menschen mit der Gottheit.

                                    Gott

Gott ist bereit, wenn sie diese Versöhnung nicht von
sich stossen, sie selig zu machen. Nachdem er das
Amt eines Propheten und hohen Priesters für die
Menschen vollendet hatte, stand er von den Todten
auf, und setzte sich zur Rechten seines Vaters, und
herrschet nunmehr, bis er zum Gerichte wiederkom=
men wird. Alles, was er in seiner Erniedrigung
that, das that er als Gottmensch; beide Naturen
nahmen Theil daran. Alles, was der -erhöhete und
verherrlichte Erlöser thut, auch das thut er in einer
Person Gott und Mensch. Er ist der Versöhner,
der Mittler, das Beyspiel, und der Beherrscher der
Menschen. In ihm, und durch den Glauben an
ihn sollen wir selig werden. Dieses ist das Ge=
heimniß der Menschwerdung und der Erlösung Jesu
Christi.

Allein, die Menschen sind verderbt; in ihrem
natürlichen Zustande vernehmen sie nichts von diesen
Geheimnissen. Wie sollen sie an diesen Erlöser glau=
ben, und im Glauben an ihn seinem Beyspiele nach=
wandeln? Der heilige Geist hat die Zueignung seiner
Versöhnung übernommen; er hat sich von dem Soh=
ne nach dem ewigen Rathschlusse der Gottheit senden
lassen. Er ist es also, der durch gewisse ordentliche
Mittel diese grossen Wahrheiten bekannt, und, wenn
sich die Menschen nach der Bekanntmachung dessel=

ben,

ben, feinen fernern Wirkungen nicht widerfetzen wollen, auch kräftig bey ihnen macht. Widerstreben sie
ihm nicht: so überzeugt er sie von ihrem Elende und
der Nothwendigkeit der Erlösung ; fahren sie fort,
sich ihm zu überlassen: so wirkt er den Glauben,
oder das zuversichtliche Vertrauen in ihnen, daß sie
um Jesu Christi willen selig seyn werden. In diesem seligen Augenblicke werden sie dieses Glaubens
wegen von Gott für gerecht erkläret, und sie genießen die Früchte der Genugthuung ihres Erlösers.
Hier wird auf keine Werke gesehen, denn sie konnten vor dem Glauben keine Werke thun, die sie in
den Augen des heiligen Gottes der Seligkeit würdig
gemacht hätten.   Die Werke der Gläubigen sind,
wenn sie den göttlichen Geboten gemäß sind, Folgen, aber nicht Ursachen ihrer Rechtfertigung. Denn,
wenn sie durch den Glauben die Gerechtigkeit Jesu
Christi empfangen haben: so erhalten sie von dem
heiligen Geiste die Kräfte heilig zu wandeln. Brauchen sie diese Kräfte mit Furcht und Zittern: so werden sie erhalten, und erlangen eine immer größere
Stärke der Heiligkeit. Dieses ist die Lehre von der
Gnade.

Aber was brauchet Gott für Mittel, den Menschen diese Gnade mitzutheilen, und wenn sie dieselbe dadurch, daß sie sich nicht widersetzen, annehmen,

M

men, sie in dem Besitze derselben zu erhalten? Diese
Mittel sind die Verkündigung und Betrachtung des
göttlichen Worts, denn der Glaube kömmt aus der
Predigt, das Gebeth, die Taufe mit Wasser,
und endlich das Gedächtnißmahl des Todes Jesu
Christi, dieses sind nicht blosse unfruchtbare Feier=
lichkeiten. Diese Taufe ist mehr als eine heilige Ze=
remonie; denn sie ist ein Band der Wiedergeburt
und der Erneuerung im heiligen Geiste. Das Abend=
mahl ist nicht bloß der Genuß eines geheiligten Bro=
des und Weines; es ist der Leib und das Blut Chri=
sti, was wir empfangen. Diese geheimnißvolle
Handlung ist eine wirkliche Gemeinschaft an dem
Leibe und Blute deß Herrn. Um des willen sind
die Wirkung des göttlichen Wortes und des Gebe=
tes, die Taufe, und das Abendmahl des Herrn
Geheimnisse, die wir glauben, aber nicht erklären
und begreifen sollen. Dieß ist die Lehre der Offen=
barung von den Gnadenmitteln.

Diejenigen also, an welchen die Versöhnung
Jesu Christi durch die Gnade und Zuneigung seines
Geistes kräftig geworden ist, haben gewisse Pflichten
zu erfüllen. Was verlangt aber die Sittenlehre Je=
su Christi von ihnen? Ihr Hauptinhalt ist das gött=
liche von ihm selbst erklärte und richtig bestimmte
Moralgesetz; zu dessen Beobachtung die Menschen,

nach

nach ihren besondern Umständen und Lebensarten,
auch ohne einen Erlöser, schon verbunden waren.
Denn eben die Uebertretung desselben hatte, seine
Erlösung nothwendig gemacht. Doch alle Handlun=
gen, die nach diesem göttlichen Gesetzen eingerichtet
sind, werden dadurch christliche Tugenden, und also
weit vollkommner, weil sie aus dem Glauben an den
Weltheiland kommen. Indeß folgen aus der Er=
lösung Jesu Christi noch besondere Verbindlichkeiten,
welche gleichwohl mit den Pflichten des natürlichen
Moralgesetzes in einer genauen Verwandtschaft stehen.
Da seine Erlösung alle Menschen angeht: so müssen
auch die besondern Pflichten, welche sich daraus her=
leiten lassen, allen Christen obliegen, wenn man das=
von die Pflichten derjenigen ausnimmt, welche die
Versöhnung der Welt predigen müssen. Eine eifrige
Liebe gegen Gott, der so viel an unsere Errettung
gewandt hat, die Demuth vor ihm, die Beständig=
keit im Glauben, die Geduld, die geistliche Wach=
samkeit und Aufsicht auf sich selbst, und in Ansehung
anderer Menschen die Bruderliebe; denn nunmehr
müssen wir einander nicht bloß als Geschöpfe, son=
dern auch als Erlößte Eines Gottes, betrachten; das
alles sind allgemeine Christenpflichten. Christus und
seine Jünger haben außer dem Amte der Lehrer kei=
ne neuen Stände und Lebensarten eingeführt. Soll
also eine Handlung den Namen einer christlichen Tu=

o(╳)o(╳)o

genb verdienen; so muß sie entweder in dem göttli=
chen Moralgesetze befohlen seyn, oder aus der allge=
meinen Erlösung unsers Geschlechts, oder von den
Lehren des Evangeliums und der Kirche hergeleitet
werden können. Dieses ist die Vorstellung, welche
uns die Offenbarung von der Sittenlehre Jesu Chri=
sti machet.

Diejenigen nun, welche im Glauben und in der
Liebe ihrem Erlöser nachwandeln, machen die unsicht=
bare allgemeine Kirche Jesu Christi aus. Allein wie
wird ihr Zustand, und der Zustand derer, welche
entweder das Evangelium von Christo nicht anneh=
men, oder demselben nicht gemäß handeln, in der
Zukunft beschaffen seyn? Die Religion entdeckt uns
neue Aussichten in die Zukunft. Es wartet auf alle
Menschen die Auferstehung des Leibes, und der Tag
eines allgemeinen Gerichts. Für die Gläubigen ist
eine ewige, unveränderliche, und über alle mensch=
lichen Begriffe erhabene Seligkeit bestimmt. Für die
andern ist nach diesem Leben keine Gnade zu hoffen.
Eine ewige Unglückseligkeit, der Lohn ihres Unglau=
bens und ihrer Laster wird sie ergreifen. Sie wer=
den in die ewige Pein gehen, die dem Verführer
unsers Geschlechts, dem Satan und seinen Engeln,
bereitet ist; die Gerechten aber in das ewige Leben.

Die=

Dieſes iſt die Lehre der Offenbarung von dem zukünftigen Zuſtande der vernünftigen Geſchöpfe Gottes.

So ſieht der innerliche Bau der Religion aus.
Dieſes ſind die Lehren, welche Jeſus und ſeine Jünger predigten. Man wird die erhabenſte Einfalt und
die größte Majeſtät, ſo kurz auch dieſer Abriß davon ſeyn mag, darinn erblicken. Die meiſten dieſer Lehren, welche die Chriſten glauben, und zur
Richtſchnur ihres Wandels annehmen ſollen, ſind
Geheimniſſe. Sie waren dem natürlichen Menſchen
unbekannt; allein auch da ſie geoffenbaret ſind, können ſie nicht ganz von uns begriffen werden. Wer
wird ſich darüber verwundern, der von ſeiner Endlichkeit und den eingeſchränkten Kräften ſeines Verſtandes überzeugt iſt? Allein wer kann etwas ohne
Beweiſe glauben? Die chriſtliche Religion hat ihre
Beweiſe, und zwar unüberwindliche Beweiſe. Sie
ſind nicht aus der Metaphiſik entlehnt; aber ſie ſind
deutlich, und haben eine göttliche Kraft. Welcher
Verſtand, wenn er vernünftig iſt, und welches Herz,
wenn ſeine Empfindungen redlich ſind, kann ſich gegen die gewiſſen Erfüllungen deutlicher Weiſſagun-
gen, gegen die göttlichen Wunder Jeſu Chriſti und
ſeiner Apoſtel, gegen die Bekehrung der Welt, gegen die Ausbreitung der Religion unter den grau-
ſamſten Verfolgungen, und dem Aufruhr der Erde
                                        und

und der Hölle, gegen die vollkommene Uebereinstimmung ihrer Wahrheiten mit den Vollkommenheiten
Gottes und dem Zustande des Menschen, gegen die
Stimme des Gewissens, das sie bekräftigt, und gegen die Wirkungen des Geistes der Wahrheit, wenn
wir ihnen Raum lassen, auflehnen?

Diese Religion sollte nach der Absicht ihres Stif-
ters ein neues Band der menschlichen Gesellschaft
seyn. Alle Menschen sollten in ihrem Glauben von
Gott und ihren Sitten, nemlich in dem Gehorsame
gegen die Gesetze Gottes, miteinander übereinstimmen. Hiezu gehörte eine äußerliche Verfassung der
Religion, ein allgemein einträchtiger Gottesdienst.
Doch diese Harmonie sollte die Verschiedenheit der
Stände, der Lebensarten, die besondern bürgerlichen
Verfassungen, der eigenthümlichen und unterscheidenden Karaktere der Völker nicht aufheben, wenn sie
selbst nur mit den Grundsätzen einer gesunden Vernunft bestehen könnten. Also war auch in dem äußerlichen Gottesdienste eine göttliche Einfalt nöthig.
Man findet sie in dem Gottesdienste der ersten Christen. Er war mit keinen Zeremonien beschweret,
und die Feierlichkeiten, welche Jesus Christus selbst
eingeführet hatte, waren so leicht, daß sie auf der
ganzen Erde beobachtet werden konnten; zu geschweigen, daß sie mit grossen innerlichen Vortheilen ver-

knüpft

knüpft waren. Zum äußerlichen Gottesdienste wurde
also weiter nichts erfodert, als die Feier gewisser
Tage; an welchen sich alle Christen versammelten,
den Gott öffentlich zu verehren, den sie im Herzen
anbeteten, und ferner der öffentliche Unterricht in
der Wahrheit. Diese Tage sind in der Offenbarung
selbst von den Aposteln Jesu Christi, welche die Gewalt hatten, der Kirche, die sie pflanzten, Gesetze
zu geben, bestimmt worden. Es wurde den Christen
überlassen, ob sie mit einer allgemeinen Einwilligung
und ohne die Gewissen zu fesseln, noch andere zu
Stunden der öffentlichen Verehrung Gottes heiligen
wollten. Zum öffentlichen Unterrichte waren Lehrer
nothwendig. Ihre Eigenschaften bestimmte die Offenbarung; ihre Prüfung nach dem Worte Gottes
und ihre Wahl wurde der ganzen Gemeine der Christen, den schon verordneten Lehrern und Zuhörern,
überlassen. Aus beiden, den Lehrern, welche die
Sorge für den öffentlichen Unterricht in der Wahrheit hatten, und aus den Christen, welche sich unterrichten ließen, den Unterricht aber allzeit nach
dem göttlichen Worte prüfen sollen, bestand die sichtbare Kirche Jesu Christi, dieser geistliche Acker, auf
welchem aber nicht allein Weizen, sondern auch Unkraut, wachsen kann. Die Lehrer hatten keine andere Gewalt, als diejenige, welche ihnen die Wahrheit mit ihren Beweisen gab, diejenigen, welche die

Reli-

Religion annahmen, in die Gemeinschaft der sichtba=
ren Kirche aufzunehmen, ihnen die verordneten Mit=
tel der Gnade mitzutheilen, und sorgfältig über ih=
re Seelen zu wachen. Die Macht der ganzen Kir=
che bestand darinn, daß sie theils diejenigen, wel=
che weder im Glauben noch im Leben mit ihr über=
einstimmten, nicht für ihre Mitglieder halten sollte,
ohne die bürgerliche Gesellschaft mit ihnen aufzuhe=
ben, theils mit einer allgemeinen, entweder aus=
drücklichen oder stillschweigenden Einwilligung will=
kührliche Anstalten treffen durfte, welche etwa den
Wohlstand und die Ordnung beym Gottesdienste be=
fördern können, daß sie weder das Wesen der Reli=
gion ändern, noch eigentlich dazu gerechnet werden.
Diese göttliche Einfalt in dem öffentlichen Gottes=
dienste der Christen, und ihrer äußerlichen Verfas=
sung verringerte die Majestät des Christenthums nicht;
sie erhob sie vielmehr, weil dasselbe mit den Sin=
nen so wenig Gemeinschaft unterhielt.

Man erkennet aus diesem Sisteme der Reli=
gion, welche Jesus Christus auf der Erde auszubrei=
ten beschlossen hatte, daß sowohl die Ruhe der Kir=
che, als auch die bürgerliche Glückseligkeit, sehr viel
dabey gewonnen haben würde, wenn dasselbe nie=
mals einigen Veränderungen unterworfen gewesen
wäre; wenn das geistliche Reich Christi sich allezeit

genau

genau nach seinen Vorschriften gerichtet hätte. Die
Welt gieng aus der Hand ihres Schöpfers vollkom=
men hervor; es mangelte der Schönheit seines Wer=
kes nichts, das durch eine neue Schöpfung hätte er=
setzt werden müssen. So rein und vollkommen war
auch die Religion, als sie aus dem Munde ihres Stif=
ters und seiner Apostel kam. Ihre Schriften waren
ein hinlänglicher Unterricht für alle Jahrhunderte.
Sie enthielten alle Wahrheiten, sie mochten den
Glauben oder die Sitten betreffen; sie durften nur
geglaubet und beobachtet werden. Hier fanden unsre
Bedürfnisse ihre Befriedigung; sie zeigten die Quelle
der Güter, die man hoffen darf, und die sichersten
Mittel, zu ihrem Besitze zu gelangen. Man hatte
nicht nöthig neue Geheimnisse zu erfinden, den Man=
gel der Alten zu ergänzen. Die Religion durfte we=
der verbessert, noch durch Zusätze erweitert werden.
Der Mensch hatte an dieser Offenbarung, sowohl
für seinen Verstand, als für sein Herz, genung.

Eben so unnöthig war die Sorgfalt, dem
äußerlichen Gottesdienste durch neue Zeremonien mehr
Schönheit, Würde und Majestät zu geben. Man
kann der Kirche die Macht nicht absprechen, durch
heilige Gebräuche die Andacht des Menschen mehr
anzufeuern; es scheint nützlich zu seyn, wenn bey
dem Dienste Gottes alle Sinne beschäftiget wer=
den.

den. Allein alle Zeremonien, diese Sprache für die
Sinne, sind nur so lange gut, als sie dem Ver=
stande und dem Herzen eben so verständlich sind,
als ihnen.   Der Mensch bleibt allzuleicht an den
Sinnen hängen ; jemehr .alle Gottesdienste in die
Augen fallen, desto leerer sind sie für den Geist.
Am Ende schaden sie oft mehr, und desto länger,
je größer der Nutzen war, welchen man von ihnen
erwartete.   Oft setzet man das Wesen der Religion
darein, oder rechnet sie zum wenigsten zu demselben.
Gott, welcher seinen Namen vom Aufgange bis zum
Niedergange herrlich machen wollte, verlangte daher,
nur im Geiste und in der Wahrheit angebetet zu
werden.   Die Menschen konnten keine erhabnern
Feierlichkeiten erfinden, als die waren, die Jesus
selbst verordnet hatte.   Die besten Zeremonien sind
indeß diejenigen, welche sich unmittelbar auf die
Religion beziehen.

Verlangte Gott für seinen Dienst kein äußer=
liches Ansehen, keine blendende Pracht und Hoheit:
wie viel weniger durften die Lehrer einer Religion,
die so voll zärtlicher Einfalt ist, einen Anspruch auf
eine irdische Hoheit machen? Die weltlichen Köni=
ge herrschen, und die Gewaltigen nennt man gnä=
dige Herren: Ihr aber nicht also; sondern der Größ=
te unter euch soll seyn, wie der Jüngste, und der

Vor=

Vornehmste, wie ein Diener. Das Reich Jesu
Christi ist ein Reich der Wahrheit und der Tugend,
und also nicht ein Reich irdischer Ehrenstellen und
Würden. Diejenigen zwar, welche von Gott das
Amt haben, die Ordnung im gemeinen Wesen einzurichten, können den Lehrern des Evangeliums unter
andern Bürgern einen bestimmten Rang anweisen.
Allein dergleichen Würden gehören nicht zur Religion, nicht einmal zu ihrer äußerlichen göttlichen
Verfassung, indem der Stifter in seinem Reiche
demjenigen den größten Rang anweist, der die
meisten und erhabensten Verdienste besitzt.

Da die Religion in ihrer innerlichen und äußerlichen Verfassung so vollkommen war: so hätten
billig ihre Schicksale unter den Menschen allzeit
glücklich seyn sollen. Allein man müßte gar kein
Kenner des menschlichen Herzens, oder ganz ein
Fremdling in der Geschichte seyn, wenn man sich
dieses bereden wollte. Denn wer sind die Geschöpfe,
denen die Religion anvertrauet ist? Sind es nicht
Menschen, die ihrer Natur nach zur Veränderung
und Unbeständigkeit geneigt sind? Wie mannichfaltig
sind unsere Vorurtheile! Wie leicht bringt sich uns
ein Irrthum unter der Gestalt der Wahrheit auf!
Wie sehr verzärteln wir unsere Vernunft! Wie groß
ist die Liebe gegen unsere eignen Gedanken! Wer
kennet die Gewalt des Beyspiels nicht? Oft irre
der

der Redlichſte , bloß ſeiner eingeſchränkten Einſichten
wegen , dem Irrthume des größten Haufens nach.
Oft verkleidet ſich der Irrthum ſo künſtlich , und
kömmt der Wahrheit ſo nahe, daß man ſich vielleicht
beredet , daß man die Wahrheit ehre , wenn man
ſchon dem Irrthume räuchert. Und was haben nicht
die deutlichſten Wahrheiten von unſern manchfaltigen Leidenſchaften zu befürchten ? Was für einen
Einfluß haben nicht Eigenſinn, Ehrſucht und Eigen-
nuß zu allen Zeiten in die Religion gehabt ? Sollte nun die chriſtliche Religion gar keine nachtheili-
gen Veränderungen erfahren haben : ſo müßten zum
wenigſten alle ihre Lehrer niemals weder in der Gefahr zu irren , noch in der Gefahr zu ſündigen,
geweſen ſeyn. Alſo verlangte man von Gott, daß
er wider unſere Freyheit ohne Aufhören Wunder
thun ſollte. Wenn er ſie hätte thun wollen : warum hätte er uns eine ſchriftliche Offenbarung gegeben?

Sie ſehen aus dieſer kurzen Geſchichte der Religion, mein Bruder ! wie heilig und wohlthätig
für das Menſchengeſchlecht Chriſtus Lehre iſt. Selbſt
die Irrthümer und Thorheiten der Irrglaubigen ſind
Beweiſe für die innerliche Güte und die Göttlichkeit
der Religion. Die Geſchichte lehrt uns , daß gleich
in den erſten Zeiten ein Feind und Verfälſcher der
Religion , ein Irrglaubiger nach dem andern auf-
ſtund. Jeder erfand ein neues Lehrgebäude ; jeder

wollte

wollte weiſer ſeyn als der andere, und doch war
jeder, — ich will mich des ſanfteſten Namen bedienen — ſo ungereimt als der andere. Eigentlich
ſieht man in allen Siſtemen, die wider die Religion ſind, nur eine Thorheit; ſie tritt nur immer
in veränderten Geſtalten auf, gleich einer Buhlerinn,
die ihren Anzug und Putz beſtändig mit einem andern verwechſelt, weil ſie ſich auf keine eigenthümlichen und natürlichen Reize verlaſſen kann. Die
Wahrheit, mein Bruder! hat nur immer Eine Geſtalt; wer kann die Uebereinſtimmung der Jünger
Jeſu Chriſti, welche in ihren uns hinterlaſſenen
Schriften herrſcht, genug bewundern?

So wurden durch alle falſchen Meinungen und
Irrthümer die Grundfeſten des wahren Chriſtenthums
nie erſchüttert, denn die Lehre Jeſu, wie Origenes
ſich ausdrückt, gründet ſich auf Beweiſe des Geiſtes und Beweiſe der Kraft, und dieſer Geiſt und
dieſe Kraft herrſchen noch immer in den Herzen derjenigen, die wahrhaft glauben. Um aber die Göttlichkeit der Religion und Lehre Chriſti Ihnen, mein
Bruder! anſchaulicher zu machen, ſo wollen wir die
große Wahrheit unſerer Religion mit den Religionen
der morgenländiſchen Weiſen und den Religionen der
Vorzeit vergleichen. Dieſe Betrachtung ſey der Gegenſtand der künftigen Nacht.

Neunte

Neunte Nacht.

Die christliche Religion erschien zu einer Zeit auf
der Erde, wo der menschliche Verstand nicht mehr ganz
roh und unbearbeitet war. Der Mensch war nicht
mehr wie in den ältern Zeiten bloß Sinn; er war
mit den Kräften seiner Seele bekannter, als vordem,
und seine Einsichten waren durch viele Wissenschaften,
in welchen sich mehr als ein glücklicher Geist hervor-
gethan hatte, sehr erweitert worden. Selbst in Ansehung der Religion suchten sich viele über die allzu-
groben Begriffe des Pöbels zu erheben. Dennoch waren die Menschen der wahren Erkenntniß Gottes nicht
näher gekommen. So genau wurden die Weissagungen der Propheten erfüllet, daß erst unter dem Messias diese Finsternisse des menschlichen Geschlechts zer-
streuet werden sollten. Alles, was man im Oriente
und im Okzidente von Gott lehrete, war Irrthum in
manchfaltigen Gestalten. Zum Unglücke liebten diejenigen, die sich für Weise hielten, ihren Irrthum so
sehr, daß sie das Evangelium für Thorheit hielten,
oder wenn sie den Eindruck desselben nicht ganz
übertäuben konnten, eine Vereinigung zwischen dem
Lichte und der Finsterniß machen wollten.

Ale-

Niemals hat der Verstand der Menschen einer so wüsten Einöde geglichen, daß nicht allezeit in ihren Seelen einige Empfindungen der Gottheit verborgen gewesen seyn sollten. Vielleicht sind sie dem ersten Eindrucke Gottes in dieselben zuzueignen; vielleicht können sie niemals ganz aus den menschlichen Gemüthern verschwinden, weil sie ihnen anerschaffen worden sind. Vielleicht sind sie auch der göttlichen Offenbarung zu danken, welche die unendliche Sage von einem Alter zum andern fortgepflanzt hat. Sie sind zwar nach und nach verunstaltet, niemals aber ganz unter allen Völkern ausgerottet worden. Hat es unter den Heiden Philosophen gegeben, welche behaupteten, daß wir mit allen Welten ein Spiel des Zufalls, und nicht das Werk einer weisen Ursache wären: so ist dieser Unsinn bloß der Verzweiflung darüber zuzuschreiben, daß sie diese weise Ursache nicht entdecken konnten. Sie hatten die schwachen Seiten so vieler Lehrgebäude eingesehen: allein sie waren geschickter, niederzureißen, als aufzubauen. Wenn eine Gottheit ist: wo ist sie? Wem gehört sie, und was ist ihr Wesen? Wie konnte sie die Ursache alles dessen seyn, was wir bewundern, und was wir nicht bewundern? Und wenn sie alles hervorgebracht hat: warum ist nicht alles vollkommen? Und wenn eine Gottheit ist: warum kennen wir sie nicht, oder wer zeigt uns die Wege, zu ihr zu kommen? Sie waren so stolz oder

so

so unwissend, daß sie selbst diese Fragen auflösen woll=
ten, und nicht daran dachten, daß sie nur Gott al=
lein beantworten könnte. Ein deutlicher Beweis von
dem tiefen Falle des Menschen! Niemals waren die
Philosophen geschäftiger, diese Fragen zu beantworten,
als zu den Zeiten Jesu Christi.

Nachdem die Menschen der ersten Offenbarung un=
getreu geworden waren, und den besten Wegweiser,
Gott, verlassen hatten: so konnten sie sich von ihm
keine andern als sinnliche Begriffe machen. Das war
der Grundirthum, welcher bey den heidnischen Weisen
so sehr fruchtbar an ungereimten Lehrgebäuden von der
Gottheit war. In den ältern Zeiten vergötterten die
Menschen alles, was ihr Erstaunen, ihre Liebe, ihre
Furcht, ihre Hofnung, die Schmeicheley und das
Verderben des menschlichen Herzens für außerordent=
lich und göttlich hielt. So gelangten die Gestirne,
die Meere, die Flüsse, große Regenten, Tirannen,
Insekten, und Laster zur Ehre der Anbetung. So
entstund nach und nach die Religion des Pöbels, die
Abgötterey.

Doch es fanden sich bald Menschen, die sich von
dem gemeinen Haufen unterscheiden wollten. Je mehr
sie ihren Verstand fühlten, desto weniger befriedigten
sie diese Meinungen von der Gottheit. Je bekannter
sie

fie mit den Geschöpfen wurden, desto unwilliger wurs
ben sie gegen ihre Anbetung. Dennoch war es ihnen nicht möglich, die wahre Vorstellung von Gott
zu finden, die außer dem Gebiete sinnlicher Begriffe
liegt. Ihre tiefsinnigsten Gedanken von der Gottheit
blieben körperlich, sie konnten sie nicht von der Materie trennen. Alle heidnischen Philosophen theilten sich
auf vier große Abwege, in der Einbildung, Gott auf
einem derselben zu finden. Die Philosophen unter den
Chaldäern und Persern stellten sich die Gottheit, als die
allerfeinste und beweglichste Materie, als das reinste
Feuer oder Licht vor, aus welcher alle Dinge ausge-
flossen wären. Die egiptischen Weisen theilten die
Gottheit unter drey Ursachen aus, unter eine thätige,
unter eine leidende, und unter eine böse Ursache. Das
war ihre geheime Lehre von dem Osiris, der Isis und
dem Typhon. Andere, welche das Leben und die Bewegung in der Natur erklären wollten, machten die
Gottheit zur Seele der Welt, die aber so genau an
sie gefesselt war; daß sie nicht von ihr getrennet werden konnte. Diejenigen, welche der Wahrheit am
nächsten kamen, empfanden wohl, daß die Gottheit
von der Materie ganz unterschieden seyn mußte.
Vielleicht schlossen sie dieses aus der nothwendigen Empfindung, daß ihr Geist unendlich besser, als alle Körper, seyn müsse; vielleicht hatte auch das Licht der
Offenbarung, das den Juden leuchtete, einige Stra-

N   len

294

phen gehören unstreitig Sokrates und Plato. Gleichwohl blieben sie so sinnlich, daß ihnen die Schöpfung
der Welt aus Nichts auch nicht einmal eine Muthmaß-
ung ward, daß sie neben der Gottheit ein ewiges
wüstes Chaos annahmen, ihr weiter nichts als die
Ausbildung desselben zuließen, und daraus alle sicht-
lichen und natürlichen Unvollkommenheiten der Welt her-
leiteten. Diese Hauptabwege hatten wieder unzählbare Nebenwege. Doch wir wollen itzt nur bey
den egiptischen, chaldäischen und persischen Irrthümern stehen bleiben.

Der große Haufe unter den Egiptern war in
die schändlichste Abgötterey versunken. Sie verehrten
alles, Gestirne und Insekten, Knoblauch und Könige,
göttlich; ein Gottesdienst, der den Weisen unter ihnen selbst unsinnig zu seyn schien. Sie nahmen daher ihre Zuflucht zu philosophischen Erklärungen, die
weniger ungereimt zu seyn schienen, in der That aber
noch weit ungereimter waren, weil sie so viel Nachdenken anwandten, Thorheiten nicht ganz wegzuschaf-
fen, sondern nur in Finsternisse zu verhüllen. Nach
ihrem Lehrgebäude war die Gottheit durch alle Theile
der Welt ausgegossen. Ihre Ausflüsse durchdrangen
also die Gestirne, die Menschen, die Thiere, die
Pflanzen, und alle Insekten, eins mehr, und das

anbere

andere weniger. Alles wurde dadurch göttlich, und
alles verdiente die Ehre der Anbetung, weil alles
voll Gottheit oder voll Götter war. Weil nun ein=
mal die Gottheit ausfließen mußte: so nahmen sie
ein Etwas an, worein sie sich ergießen konnte; ein
Etwas, das mit einem unauflöslichen Bande an die
Gottheit verknüpft war. Dieses Etwas war die Ma=
terie. Doch weil sie an diesem Etwas so viel Unvoll=
kommenheiten fanden, und es gleichwohl demjenigen,
was darinn floß, nicht gerne zuschreiben wollten:
so sahen sie sich gezwungen, ein neues Etwas anzu=
nehmen, das einen Geschmack daran fand, alles Gu=
te zu verderben, was das gütige Etwas in dem lei=
benden Etwas gewirkt hatte. Das gütige Etwas,
das alles durchfloß, nannten sie Osiris, mit einem
Namen, der vieleicht einem gütigen Regenten zuge=
hört haben mochte. Das leidende Etwas, mit wel=
chem sich Osiris vermählt hatte, hieß Isis. Isis
war aller Wahrscheinlichkeit nach des Osiris Gemahlinn
oder Schwester gewesen. Diese Vermählung war nicht
ohne Folgen; Orus, oder die Welt, wurde aus die=
ser Ehe gezeugt. Das schadenbegierige Etwas nann=
ten sie Typhon, vermuthlich mit dem Namen eines
Tirannen, der alles Gute zernichtet haben mochte,
was Osiris und Isis während ihrer Regierung gethan
hatten. So wurden diese eingebildeten Weisen in ei=
nem Wirbel leerer und betrügender Worte herumgetrie=

ben, hafchten ein Etwas und wieder ein Etwas, und
noch ein Etwas, und fanden Gott nicht. Diogenes,
Laertius, Porphyr und Eusebius beschuldigten die
Egiptier nicht mit Unrecht, daß sie nichts als die Welt
für Gott gehalten hätten. Denn was sind alle diese
Etwas anders als die Materie? Sie nehmen zum
Ursprunge aller Dinge drey Grundwesen an, die un-
auflöslich miteinander verknüpft sind. Nunmehr kann
man von einer solchen Theologie leicht auf die Moral
der Egiptier schließen.

Die Philosophen unter den Chaldäern lehreten
nichts gesünders. Das Lehrgebäude ihres Zoroasters
und Belus ist in dunkle Schatten eingehüllet. Dem
ersten Anblicke nach verspricht ihre Lehre von der Gottheit viel vortrefliches. Sie nannten Gott den König
und Vater aller Dinge. Sie lehrten, daß alle Ordnung und Schönheit der Natur aus seiner Vorsehung
entspränge. Allein diese Gottheit und Vorsehung war
nichts, als eine durch die ganze Schöpfung ausge-
breitete Seele, aus welcher die grossen Geister, die über
alle Theile des Weltgebäudes die Aufsicht hatten, die
untern Götter, die Dämone und Helden entsprangen.
Außer diesen guten Geistern gab es eine Art böser
und tückischer Geister, die mit jenen in einem beständ-
digen Streite waren. Aus diesen Ungereimtheiten
floß die Verehrung der Gestirne, und was noch mehr

von

von der Verfinsterung ihres Verstandes zeugte, die
Magie und Astrologie; Künste, durch welche man
aus den besondern Stellungen der Gestirne die Schick-
sale der Menschen bestimmen, zu einem vertraulichen
Umgange mit Gott kommen, und in die ungewisse
Zukunft hineinschauen wollte. Die chaldäische Lehre
von dem Ursprunge der Welt war nicht vernünftiger.
Alles war im Anfange Nacht und Wasser. Aus diesem
Chaos bildeten sich gewisse Ungeheuer. Ein Weib,
Omoraca genannt, hatte die Aufsicht darüber. Belus zertheilte dasselbe bey seiner Wiederkunft, vertilg-
te die Ungeheuer, und so entstand Himmel und Erde.
Eine nur wenig aufmerksame Vergleichung dieser Lehren mit der mosaischen Erzählung von dem Ursprunge
der Welt überführet uns, daß sie verderbte und ver-
stümmelte Ueberbleibsel der ersten Offenbarung sind.

Die Perser hatten auch einen Zoroaster; welchen
man in die Zeiten des Darius Histaspes zu setzen
pflegt. Man weis, daß diese Völker das F⸺r göttlich verehrten. Sie beteten die Sonne wegen des
Nutzens an, welchen ihr die Erde und das ganze
menschliche Geschlecht zu danken hatte. Die Klugen
unter ihnen empfanden wohl, daß die Sonne nicht
die Quelle aller Wesen seyn könnte. Sie wollten weiter gehen, und verwickelten sich in verschiedene Ungereimtheiten. Zoroaster vereinigte sie alle in einer
Theo-

Thorheit, so viel man aus den dunkeln Ueberbleibseln seines Sistems schließen kann. . Hierinn hat das- selbe mehr Uebereinstimmung und Zusammenhang, als das chaldäische. Die Philosophen vor ihm fanden in der Natur nichts schöners, als das Licht, und nichts traurigers und schlimmers, als die Finsterniß. Damit sie nun die Schöpfung der Welt und den Ursprung des Uebels erklären mochten, nahmen sie zwo Haupt- gottheiten an; das Licht, welches sie Mithra, und die Finsterniß, welche sie Arimanius nannten. Vielleicht waren beide Benennungen der Namen, die, wie die Namen Osiris und Typhon, Beherrschern von entge- gengesetzten Charaktern eigen gewesen seyn mochten. Ihr Lehrgebäude war hierinn von dem egiptischen nicht unterschieden. — Indeß bildeten sie sich doch ein, daß sie alles, was ihnen in der Natur unbe- greiflich vorkam, ungezwungen durch ihr Sistem er- klären könnten. Das Lichtwesen war die Quelle des Lichts und der Glückseligkeit; die Finsterniß war der Ursprung der Finsterniß und alles dessen, was sie für böse hielten. Also gab es zwo Gottheiten, die ein- ander ohne Aufhören bekriegten, ungeachtet das Lichts wesen stärker war, als der Arimanius; eine Lehre, welche Manes unter den Christen wieder erneuerte. Zoroaster sah die Schwäche dieses Lehrgebäudes ein, und versuchte, ob er nicht alle Dinge aus einem Ur- sprunge herleiten könnte. Er machte also Gott zu

einem

einem geistigen Feuer; das war seine Mithra. Die
Stralen oder die Theile dieses Feuers waren vor dem
Ursprunge der Welt ineinander gedrängt. Allein weil
es ein geistiges Feuer war; so faßte es einmal den
Entschluß seine Stralen auszulassen. Da entstand das
gröbere Licht, das in der Sonne und den übrigen
Gestirnen brennt; und dieses war der Dromasba des
Zoroasters. Dieses gröbere Licht hatte ebenfalls keine
Lust, seine Stralen stets beyeinander zu behalten,
sondern ließ dieselben auch aus sich herausfließen. So
entstand denn eine sehr lange Reihe von Lichtausf
flüssen. Je weiter sich nun dieselben von der Haupt=
quelle entfernten, desto weniger waren sie Licht; je
weniger sie Licht waren, desto finsterer wurden sie;
je finsterer sie wurden, desto materialischer waren sie:
auf diese Weise entstand Arimanius oder die Materie,
die Ursache aller Unvollkommenheiten. Nachdem sie
einmal entstanden war: so stritt sie beständig mit dem
Lichte. Man darf sich aber darüber nicht leid seyn
lassen. Zoroaster hat schon dafür gesorget, daß dieser
unglückliche Streit nicht ewig dauern soll. Das erste
Lichtwesen wird alle seine Lichtstralen wieder zurückruf
fen, und von neuem in sich zusammendrängen. Da
nun nach diesem Sisteme die Finsterniß, die Materie
und alles Böse bloß unvermeidliche Folgen aus der
weiten Entfernung der Lichtausflüsse von der Quelle
des Lichtes sind: so müssen dieselben freylich aufhö=

ren,

ren, wenn sich alle Lichttheile in ihrem Ursprunge vereinigen.

Aus diesen irrigen Vorstellungen von der Gottheit, dem Ursprunge der Welt und des Bösen, floß
eine eben so irrige Moral. Man sah, daß bey allen
groben Lastern und Ausschweifungen der Menschen heftige und stürmische Bewegungen im menschlichen Körper erfolgten. Also schrieb man alle Unordnung der
Materie zu, woraus sie bestand. Niemand suchte sie
im Willen; man hielt die Laster für Gewaltthätigkei-
ten des Körpers. Alle sittlichen Vorstellungen giengen
nicht auf die Besserung des Willen, sondern auf die
Zerstörung des Leibes. In diesem Verstande sind ihre
Ermahnungen zur Enthaltsamkeit und Mäßigkeit zu
verstehen. Sie schrieben tausend besondere Reinigun-
gen vor, welche sich alle auf das Sistem bezogen,
das die Materie zur Quelle aller phisikalischen und
moralischen Unordnung machte. Ihre Sittenlehre
stimmte mit dem schwermüthigen und milzsüchtigen
Temperamente der Morgenländer sehr überein.

Der menschliche Verstand würde nicht auf solche
Lehren verfallen seyn, wenn die Menschen nicht die
Lehre vergessen hätten, daß Gott dem Nichts gebieten könne, etwas zum Lobe seiner Herrlichkeit zu
werden, daß man die Schuld aller moralischen und

selbst

selbst phisikalischen Unordnungen nicht in der Materie,
sondern in dem zwar gut geschaffenen, aber gemißbrauchten freyen Willen der Geister suchen müsse. Blieben mit diesen beiden Wahrheiten noch einige schwere
Fragen unbeantwortet: so hätten sie vor Gott die
Hand auf den Mund legen und schweigen sollen. So
aber wurden sie der Offenbarung ungetreu.

Diese thörichte Weisheit hatte sich zu den Zeiten,
da die christliche Religion ausgebreitet werden sollte,
des ganzen Orients bemächtigt; besonders aber fand
sie unter den Sirern und Egiptiern unzählige Be-
wunderer. Da sie größtentheils das Werk einer er-
hitzten Einbildung war: so mußte sie nothwendig
manchfaltige Veränderungen erfahren. Je mehr sich
der menschliche Verstand einer so ungetreuen Führerinn
überließ, desto fanatischer wurde er. Doch alle Veränderungen betrafen nur das Aeußerliche und Zufällige dieses zoroastischen Lehrgebäudes. Die Gottheit
blieb immer ein materielles Wesen, aus welcher alle
andere Wesen ausflossen. Man erfand nur neue
Reihen von Ausflüssen; man änderte nur die Namen;
man brauchte nur neue Metaphoren, die nicht mehr
bedeuteten, als die alten. Die Namen des Mithra,
des Oromasda und des Arimanius verloren sich aus
diesem Sisteme, man hörte von keiner Lichtquelle mehr;
dafür hörte man von einer Fülle, die man mit dem

griеgriechischen Namen **Pleroma** heißt. Man hörte nichts mehr von Ausflüssen; man hörte nur von Aeonen, oder geistigen Naturen, welche die Gottheit in der Fülle aus ihrem Wesen erzeugte. Diese Aeonen sollten schon nicht so vortreflich als Gott; gleichwohl aber noch vollkommen seyn. Sie sollten wieder neue Wesen, und diese neuen Wesen wieder andere Naturen erzeugt haben, bis sie endlich gar ausgeartet wären. In der Kette der Wesen waren nach diesem veränderten zoroastrischen Sisteme die untersten Ausgeburten der Aeonen Materie; das Göttliche, was sich noch darinn aufhielt, war nichts als eine unbestimmte schwache Kraft, die zwar die Finsterniß oder die Materie in einige, aber in sehr unordentliche Bewegungen setzte. Wenn ein neuer Weltweise diese Lehrgebäude verbessern wollte: so konnte er die untersten Aeonen zu Geistern machen, die nur Monaden mit dunkeln Vorstellungen aus sich erzeugen konnten. Aus einer Menge solcher Monaden entstund denn der Klump einer groben und unordentlichen Materie. Einige von den obersten geistigen Naturen, die in der Fülle waren, bemerkten Unordnungen darinn, wollten sie verringern, und aus dieser Materie Geschöpfe bilden, die ihnen ähnlich seyn sollten. Doch das Unternehmen war für ihre Kräfte allzugroß. Sie konnten sich der ganzen Materie nicht bemächtigen. Sie bildeten zwar den Menschen daraus, allein sie konn-

ten

ten demselbigen weiter nichts als eine thierische Seele
geben. Da sie selbst nur Stralen des ersten Lichts
waren, um in der ersten zoroastrischen Sprache zu reden; so konnten sie der Materie freylich nichts als
schwache und ohnmächtige Funken abgeben, und das
schwächte sie schon. Was nun in den Menschen la-
sterhaft ist, das muß zum Theile der Materie, zum
Theile der Ohnmacht seiner Schöpfer zugeschrieben werden. Die erste Gottheit ist von Ewigkeit her ruhig
in ihrer Fülle geblieben; sie ist die Ursache der Welt
in keinem andern Verstande, als weil sie die Ursache
der Aeonen ist, die sie im Plevoma erzeuget hat.
Ueberdieß liegt es an ihrem Willen nicht, daß die
Welt nicht vollkommen ist. Sie hat wirklich eine
Verbesserung derselben unternommen; allein der Stolz
der Aeonen, die nichts unvollkommen gemacht haben
wollten, widersetzte sich ihren guten Absichten. Indeß gelang es ihr doch, der Welt viele Merkmale
ihrer Gnade und Macht einzudrücken. Der vernünftige Geist des Menschen ist ihr Werk. Sie theilte
ihm denselben in der Absicht mit, daß die Gewalt der
Materie und der ungezähmten Leidenschaften dadurch
gerochen werden sollte. Das alles sahen die Schöpfer
der Menschen als Eingriffe in ihre Rechte über sie an.
Sollten sie sich von der ersten Gottheit meistern lassen?
Also widersetzten sie sich ihr und quälten die Menschen.
Nunmehr seufzen dieselben unter der Sklaverey miß-

günstig-

günſtiger Geiſter. Wie unglücklich würden ſie ſeyn,
wenn der beſte Gott (unſre Schöpfer ſind zwar auch
Götter; ſie ſind aber nur ſchlechter,) nicht zuweilen
vernünftige Geiſter von der erſten Größe in menſchliche Körper aus der Fülle herabſendete, welche durch
die Künſte der Magie, zum Exempel durch Figuren,
die unter gewiſſen Konſtellationen des Himmels gemacht werden, den neidiſchen Geiſtern widerſtünden,
und ihre ſchadenbegierige Macht zu unterdrücken müßten, Darum erhoben alle dieſe fanatiſchen Philoſophen die Magie oder Zauberkunſt, als das größte
Geſchenk der Gottheit.

Dieſes, mein Bruder! ſind ohngefähr die Grundſätze der veränderten zoroaſtriſchen Philoſophie, die
vermuthlich, wegen ihrer Herrſchaft über den ganzen
Orient, die orientaliſche genannt wird. Die Wiſ-
ſenſchaften haben einen Mosheim dieſe deutliche Entwicklung eines Unſinnes zu danken, deſſen zerſtreute
dunkle Ueberbleibſel aus dem Alterthume ſo mühſam
zuſammengeſucht werden müſſen. Nur darinn ſcheint
er von dem Grundriſſe des zoroaſtriſchen Siſtemes abzu-
weichen, daß er behauptet, man hätte darinn eine mit
der erſten Gottheit und ihren Aeonen gleich ewige,
aber rohe, finſtre und unordentliche Materie ange-
nommen. Man kann nicht läugnen, daß dieſes ein
Lehrſatz der alten egiptiſchen und perſiſchen Philoſophen

phen war.   Auch ist unstreitig, daß die Nachrichten der Alten, von der Philosophie der Morgenländer, viel von einer solchen rohen Materie reden. Aller dieser Gründe ungeachtet, scheint es doch wahrscheinlicher zu seyn, daß diese fanatischen Weisen keine ewige Materie geglaubt haben. Eben darum nahmen sie die Aeonen an, weil sie den Ursprung des Bösen nicht von zwey gleich ewigen Grundwesen, sondern unmittelbar aus einem herleiten wollten. Sie waren zufrieden, wenn ihre Gottheit nur nicht die unmittelbare Ursache der in der Welt befindlichen Unvollkommenheiten war. Sie hätten aber die Aeonen ersparen können, wenn sie die Materie hätten eben so ewig machen wollen, als Gott war. Zoroaster hatte ihren Ursprung in der weiten Entfernung der Lichtausflüsse von der ersten Quelle des Lichtes gesucht. Dieses war den neuern Philosophen, die aus seiner Schule kamen, zu schwer, und für den größten Haufen zu unverständlich. Sie leiteten also die Materie aus der Ohnmacht der untern Aeonen her, die nichts bessers erzeugen konnten. Jedoch in einem solchen Unsinne kann eine Thorheit eben so leicht überflüßig, als nöthig seyn. Also wird wenig daran liegen, was man für eine Meinung annehmen und der andern vorziehen will. Es scheint nur aus der letztern wahrscheinlicher zu seyn, warum die Verehrer der zoroastrischen Philosophie Aeonen von so verschiedenen Arten und Geschlechtern erfanden.   Da

Da alle diese Grundsätze bloße Spiele der Phantasie sind: so wird man sich über die Uneinigkeiten dieser Philosophen nicht wundern. Dieser begnügte sich mit wenig Aeonen, ein anderer brauchte einen ganzen Schwarm, Gott von dem Verdachte zu befreyen, daß er die Welt so unvollkommen gemacht hätte. Eben so sehr theilten sie sich in ihren Meinungen über die Weltschöpfer. Einige gaben die Ehre der Schöpfung nur einem Aeon, andere theilten ein so wichtiges Geschäft unter mehr solche Geister aus. Diese hielten die Aeonen für sehr mächtige, andere für sehr unvermögende und schlimme Naturen, nachdem sie ihre Gemüthsneigung mehr oder weniger Gutes in der Welt finden ließ. Eben so wenig konnten sie sich über die Fragen vergleichen, wo eigentlich der Sitz des Bösen wäre; was die Menschen für Pflichten zu beobachten hätten, und wie die Schicksale ihrer Seelen nach dem Untergange des Leibes beschaffen seyn würden. Das moralische Uebel schrieben sie alle, theils der Materie, mit welcher die Seele umgeben war, theils der Tyranney und dem Neide der Aeonen zu, welche die Verbesserung ihrer Geschöpfe nicht zulassen wollten. Aus einer so unreinen Quelle mußte eine eben so unreine Sittenlehre fließen, wie wir solches in dem Folgenden umständlicher zu bemerken Gelegenheit haben. Einige wollten den Leib durch Martern;

tern, andere durch Wollüste zernichtet wissen. Aber keinem einzigen von diesen Philosen fiel es ein, daß vornehmlich der menschliche Wille gebessert werden müßte, weil keiner das menschliche Verderben in dem Willen suchte.

Vergebens suchet man unter den damaligen Philosophen der Griechen, der Römer, und anderer Abendländer eine bessere Weisheit. Sie schwärmten weniger; darum aber hatte ihre Religion weder mehr Wahrheit, noch mehr Schönheit. Die Epikurder hatten keinen Gott; zum wenigsten war ihr Gott so müßig, so sehr bequem und schläfrig, daß er weder an dem Dasein, noch an der Erhaltung und Regierung der Welt einigen Antheil hatte. Empfehlen sie dem Menschen die Tugend: so empfahlen sie ihm dieselbe bloß wegen der Wollust, welche damit verbunden seyn sollte. Der Akademiker zweifelte. Er wußte nicht, was Wahrheit wäre. Er wollte nicht läugnen, daß es Götter geben künnte; aber er wollte solches nichtentscheiden. Er hatte keine sichern und untrüglichen Kennzeichen der Wahrheit; es ließ sich dieses, es ließ sich auch jenes, wie er sagte, behaupten, oder es war vielmehr ungewiß, ob sich dieses oder jenes behaupten ließe oder nicht. Der Gott des Aristoteles war nichts, als die bewegende Kraft der Natur, die alles in Bewegung setzen, und selbst nicht

bewegt

bewegt werden konnte. Die Unsterblichkeit der Seele war ihm zweifelhaft, wo er sie nicht gar läug-
nete. Seine Sittenlehre war weitläuftig. Allein er
vergab sehr viel, wenn man nur seinen Ruhm und
seine bürgerliche Ruhe zu schonen suchte. Der Stoi-
ker hatte einen Gott, der mehr Ansehen, Majestät
und Tugend besaß, als der Gott anderer Philosophen; er war besser, und sein Anbeter machte die
prächtigsten Abbildungen von ihm. Er war auch
nicht so müßig; denn er war die Seele der Welt,
und hatte also viele wichtige Geschäfte. Allein sein
Unglück war, daß er mit einem unauflöslichen Bande an die Materie verknüpft war, und den Gesetzen
einer ewigen unveränderlichen Nothwendigkeit so gut
als andere Wesen gehorchen mußte. Weil der Stoi-
ker sah, daß der Mensch vielen unangenehmen Empfindungen ausgesetzt war: so glaubte er, daß die
Glückseligkeit eines Weisen in dem Zustande einer
vollkommnen Unempfindlichkeit gegen alles bestünde.
Nach diesem Grundsatze muß man seine ganze Moral
beurtheilen, wenn man nicht von ihrem schwülstigen
Vortrage hintergangen werden will. Der Platoniker schien noch die beste und erträglichste Religion
zu haben. Sein Gott war ewig; er war weise und
mächtig; er hatte die vollkommenste Welt, die nur
möglich war, gemacht; er hatte unsre Seelen unsterblich erschaffen. Dieser Weise läßt die Tugend-

haften

haften nach dem Tode noch etwas hoffen, und die
Lasterhaften noch etwas befürchten; Allein, alles
dieses muthmaßet er mehr, als daß er es weis.
Er hat keine festen und bestimmten Grundsätze, worauf er diese Wahrheiten bauet. Sein Gott hätte
nichts schaffen können, wenn er keine ewige Materie vor sich gefunden hätte. Sein Gott weis nicht
alles, er kann nicht alles Fehlerhafte der Materie
ändern, und über dieses ist er in einen gewissen
Raum eingeschlossen, und also weder unendlich noch
unermäßlich. Seine Lehre von dem Leibe, daß er
ein Kerker der Seele sey, führte zu einer Sittenlehre, die eben so leicht Schwärmer erzeugen konnte, als die morgenländische Philosophie. Er schrieb
andere Gesetze dem Weisen, andere dem großen Haufen vor. Von diesem verlangte er nur die Tugenden, durch welche die gemeine Ruhe und die öffentliche allgemeine Sicherheit erhalten wird. Von dem
Weisen forderte er, daß er immer in sich selbst einkehren, und seine Seele in beständigen Betrachtungen üben und von der Materie abziehen sollte. Allein
der Platoniker würde dem ungeachtet sehr materia-
lisch geblieben seyn, wenn er sich auch nach seinen
Einbildungen eine Republik hätte einrichten können
zum wenigsten würden die Wollüstigen das Bürger-
recht eben sowol darinn erhalten haben, als die
Milzsüchtigen. Die Religion der mitternächtlichen

        O   Län-

Länder im Okzidente ist wenig bekannt. Der große
Haufe war abgöttisch; und wenn die Barden und
Druiden der Celten und Deutschen weiser gewesen
sind: so hat doch, wie es der Karakter dieser Nationen deutlich zu erkennen giebt, ihre Weisheit die
Menschen nicht besser, sondern nur härter, und grau-
samer gemacht, als andere Nationen.

Diese kurze Geschichte der Religionen der mor-
genländischen Weisen überzeugt uns, wie schwankend
die menschliche Vernunft ist ohne göttliche Erleuchtung. Sie überzeugt uns, wie nöthig die Welt einen göttlichen Lehrer hatte, der sie zurecht wies,
und des Menschen Bestimmung verkündigte. Wer
hätte alle diese Finsternisse zerstreuen, und die Menschen von so unzählbaren Irrthümern befreyen können als Gott. Nur er konnte sie auf den verlornen
Weg der Wahrheit und der Tugend wieder zurück-
bringen; von Menschen konnte man dieses nicht erwarten, da die weisesten davon so weit von der richtigen Bahn abgewichen sind. Indeß überzeugen uns doch immer die Lehren der Misterien der
Alten, daß sie die großen Wahrheiten, die in der
Religion liegen, dunkel ahndeten. Allein dem Christenthume hat die Tugend alles zu verdanken. Es
bringt, sagt Nösselt, auf die Verbesserung des Herzens, erhöht die natürliche Religion, veredelt die
Werke

Werke der Tugend, die der Chriſt um Gottes Willen
wirkt; es lehrt unbeſchreiblich wichtige Pflichten, die
vorher kein Weltweiſer gelehrt hat, kräftige Gründe
zur Tugend, die man bey dieſen vergeblich ſucht.
Das Chriſtenthum allein hat die Abgötterey mit allen anhangenden Greueln geſtürzt, die Ruhe in dem
Staate befeſtigt, die Pflichten der Liebe, des Mit-
leidens und der Gutthätigkeit in Schwang gebracht.
Nur das Chriſtenthum hat den Unterricht in der Religion allgemein und durch Gründung einer ſichtbaren
Kirche zugleich dauerhaft gemacht.

So, mein Bruder! iſt der Weg, den die Religion uns zeiget, der ſicherſte zur Wahrheit und Erkenntniß. Schwankend und unſicher iſt immer der
Pfad, wenn nur menſchliche Vernunft den Menſchen
leiten ſoll, wenn der Wille, wenn das Herz den
Menſchen leitet, denn ſind ſeine Wege ſicherer.
Wenn die Vernunft ſchweigt, und ſich vielleicht bey
allen möglichen Beweiſen noch nicht zur Ruhe giebt,
dann redet ein innerer Zeuge zu unſerm Herzen, und
zieht uns durch die ſüſſen Bande des Gefühls, der
Empfindung und That zu Gott hin. Unſere Erkenntniß Gottes iſt die des Verhältniſſes vom Geſchöpfe zum Schöpfer. Je mehr ſich unſer morali-
ſcher Sinn reinigt, deſto näher kommen wir der Gottheit, und wenn wir an die Augenblicke denken, wo,

durch

durch irgend eine heftige Empfindung unserer Seele
in ihr Inneres gekehrt sich zu Gott aufschwingt,
und ihm ihre Gefühle vorträgt, was geht wohl über
die Süßigkeit dieses Gefühls, und was bringt dieser
moralische Sinn, der nun in Thätigkeit ist, und
sich ganz nach diesem höchsten Wesen gewendet hat,
für Veränderungen in unserer Beschaffenheit hervor?
Dann fühlen wir tief, es sey ein Gott, und erken‐
nen zugleich die Erhabenheit dieses Gegenstandes über
uns; mehr als alle Demonstrationen ist mir diese
Anschaulichkeit, mein Bruder, und darum, weil sie
mich Gott noch näher bringt, ihn gleichsam thätig
in mein Wesen verwebt, erkenne ich einen noch gött‐
lichern Wegweiser, der mich geisterhebende Blicke in
eine höhere Gotteswelt thun läßt.

Die Lehre Christi und des Evangeliums, mein
Bruder! ist das emblematische Elementarbuch der
höchsten Erkenntniß. Die Erde ist nicht der Stand‐
ort dieses Sehens; Hier sollen wir nur dazu reifen;
aber daß wir in höhern Sphären einst immer reiner
und Gott ähnlicher zu werden bestimmt sind; das
fühlen wir tief, und das Christenthum kann uns da‐
von überzeugen. Mit dieser Ueberzeugung, mein
Bruder!. mit diesen Begriffen von Gott und Reli‐
gion werden Sie innern Ruhe und eine beseligende

Hei‐

Heiterkeit fühlen, die sie auf allen Schritten des Le=
bens begleiten wird.

Der größte Beweis für die Heiligkeit der Of=
fenbarung ist, daß die menschliche Vernunft sich nicht
weiter erheben kann, als zur Erkennung eines ersten
ewig nothwendigen Wesens; eine Erkenntniß, die
zwar die spekulirende Vernunft befriedigen kann, aber
nicht thätig genug ist auf den Willen, das Prinzi=
pium unsers Handelns zu wirken. Diese Beschränkt=
heit überzeugt uns, daß es also zur innigern Er=
kenntniß dieses Wesens noch einen andern Weg ge=
ben müsse, und daß dieser Weg theils die innere
Anschauung, oder das moralische Gefühl des Guten,
der geheime Taktus, das innere Gottesaug, theils
der besondere Unterricht, den Gott dem Menschen
über sein Daseyn und Verhältniß zu ihm gab, oder
die Offenbarung seyn müsse.

Offenbarung ist Erziehung des Menschenge=
schlechts, sagt Lessing; für die Zukunft erzogen zu
werden ist unsere Bestimmung.

So, mein Bruder! erhält der Mensch den er=
sten Begriff von Gott als Faktum; sein erstes Da=
tum ist Glaube an sein Daseyn; so, wie die ande=
re Erkenntniß mit diesem Glauben natürliche. Of=
fenbar

fenbarung, und was eins ist, sinnliche Evidenz
ist.

Dieser Glaube ist nöthig, denn wie sollen Menschen das Daseyn Gottes anders beygebracht werden?
Von diesem natürlichen Glauben fängt die Religion
und Erkenntniß Gottes aller Völker an; dieses sagt
uns die Geschichts- und Tradition. Vom frühesten
Morgen der Welt lag dieser Glaube in der Menschheit; er war Keim, der sich überall entwickelte,
nur hier besser, und dort weniger vollkommen. Dieser Lichtstral der Erkenntniß durchströmte alle Völker
nach verschiedenen Graden des Menschengeschlechts.

Mit diesem Anfange des moralischen Gefühls,
mein Bruder! oder des eigentlichen geistigen Organs
hebt ein anderer Unterricht über Gott an, der den
erstern mehr entwickelt. Er besteht darinn, Gott in
den Gesetzen seiner Werke kennen zu lernen, in dem
grossen Buche der Natur. Tradition und Geschichte
beweisen uns wieder, mein Bruder! daß Erkenntniß
der moralischen Eigenschaften Gottes bey allen Völkern auf den Glauben seines Daseyns gefolgt ist.
Endlich begynnt die menschliche Natur zu forschen,
und will das Wesen näher erkennen, dessen Daseyn
es glaubt. Die Vernunft fühlt ein Bedürfniß nach
klärerer Einsicht, und der reine Wille nähert dem

Guten

Guten zur trostvollen Offenbarung. Er folgt dem
Fingerzeige der Gottheit, und auf seinen Wegen
leuchtet ihm ein Stern, der für den Frommen hin-
über in jenes Heimath, das unser wartet, eine
Strecke erleuchtet.

So rückt der Mensch immer mehr und mehr
vor, der den Gesetzen der Offenbarung folgt, und
die Erleuchtung seiner Seele dem Wesen überläßt,
das die Glückseligkeit aller Erdengeschöpfe befördert.
Er wird dann seine reine Erkenntniß mit seinem reinen Willen vereinigen; handeln nach den ewigen
Verhältnissen der Gottheit. Sein Wille wird der
Wille des Ewigen seyn, und so kömmt er immer näher der Aehnlichwerdung, der Einheit. Er wählet
Christus zum Vorbilde eines beständigen Musters seiner
Handlungen, und rückt daher der göttlichen Natur
immer näher, und genießt die Folgen seiner Vervollkommnung, seiner Heiligkeit. Da sein innerer
Geist sich erhöhet, da seine innere Natur sich über
den gewöhnlichen Menschen erhebt, er selbst dem
Lichte der Lichter täglich näher kömmt, so muß er
nothwendig den Zusammenhang der Dinge von einer
ganz andern Seite sehen, als ihn die gewöhnliche
Weltmenschen sehen. Mit jedem Vorschritte entwickeln sich für ihn tausend unbekannte Kräfte. Er

liest den geheiligten Namen jenes ewigen Buches, aus welchem allen Wesen das Leben zufloß. Er lernt den Zusammenhang des Göttlichen, des Intellektuellen und des Sinnlichen kennen, und die Weisheit Gottes nahet sich ihm. Ruhen Sie nun wohl, mein Bruder! künftige Nacht wollen wir unsere Betrachtungen fortsetzen.

Zehnte

Zehnte Nacht.

Alles, was ich Ihnen bisher sagte, lieber Bruder!
ist nicht Einbildung oder die Folge einer andächtigen
Schwärmerey; es sind Wahrheiten, die in der Natur der Dinge liegen, und von welchen Sie sich
selbst wesentlich überzeugen können.   Alle vernünftigen und weisen Männer eines jeden Jahrhunderts stimmen überein, vom Sokrates an bis zum Gellert und
Jerusalem unserer Zeiten; alle ihre Lehren gehen dahin, daß der Mensch zu höherer Bestimmung erschaffen, und dieses Erdeleben nur eine Wanderschaft für
ihn sey: sie stimmen überein, daß der Mensch immer erhabner, edler und richtiger denkt, jemehr er
sich vom Sinnlichen trennet, und zum Intellektuellen und Geistigen übergeht. Die Geschichte der Vor-
welt, die Traditionen von den entferntesten Völkern
enthielten stückweise, was unsere Religion in ganzer
Vollkommenheit zeigt.   Die geheimen Lehren aller
allegorischen Geheimnisse des Alterthums unterwiesen
ihre Schüler, daß der Mensch sich durch Sinnlichkeit
von der Stufe der Anschaulichkeit, wo er stund, entfernte, und zur Sinnlichkeit der Welt, der Erscheinung herabsank, und daß er nur durch Aufwärtsstei-
gen das Licht seiner Vollkommenheit wieder erreichen

kann.

kann. Alles Große und Wahre, was in der My-
thologie der Griechen und Egiptier, in der Theo-
gonie, Kosmogonie, und den religiösen Lehren der
alten Völker enthalten ist; was in Shastah der Gen-
tufer, im Zend=Avesta der Parsen, in Eda der Ir-
länder, im Chou=king und Ly=king der Chinesen;
mit einem Worte, in den ältesten und heiligsten Traditionen der Erde, von Ahndungen der Wahrheit enthalten ist, dieses zeigt uns unsere Religion in einem
weit schönern und reinern Lichte, und überweist uns
aus den Irrthümern der Philosophen, wie sehr dem
menschlichen Verstande die Offenbarung nothwendig
war. Sehen Sie sich einmal in der Welt um, mein
Bruder! und urtheilen Sie selbst unpartheyisch über
die Handlungen ihres Lebens. Beobachten Sie nicht,
daß Sinnlichkeit die Ursache all unsers Irrthums und
unsers Leidens ist? Wir erlangen durch die Sinne
unsere Erkenntnisse und unsere Irrthümer; unsere
Anschaulichkeit verhält sich nach unsern Organen, und
verändert sich mit Veränderung unserer Organe. Alles sinnliche Vergnügen verschwindet gebunden an das
Rad der Zeit, und lohnt uns mit Untreue. Die
schöne Blume welkt unter unsern Händen; die Heiterkeit des Frühlings wechselt mit den neblichten Tagen des Herbstes ab; das Alter raubt uns die Früchte der Jugend; Entfernung und Tod unsern Freund,
unsern Geliebten — alles ist hinfällig; nur die in-

nern

uern Freuden, nur das Bewußtseyn wahrer Tugend
bleibt unversehrt in unserm Herzen.

Womit, mein Bruder! lohnt uns die Sinnlichkeit? Mit Leiden und Kummer. Sie ist die seltne
Schattenspielerinn, die unsern geblendeten Augen Bilder zeigt, die mit der Lampe wieder verlöschen, die
in ihrer Zauberlaterne brennet — Schattenbilder ohne
Realität, die wieder verschwinden, sobald sie erscheinen. Sie kützelt unsere thierischen Lüste auf, und
macht unsere Begierde unersättlich, und lohnet uns
wie eine Verrätherinn mit Reue und Thränen.

Das ganze Reich der Sinnlichkeit bezieht sich,
mein Bruder! auf Selbst = und Weltliebe; darinn
besteht unser Verderben; das ist das Entgegengesetzte
unserer großen Bestimmung — der Gottes = und Nächstenliebe. Diese hat Wahrheit und Gutes zum Grunde; jene Falschheit und Böses; darinn besteht der
Ursprung des Bösen, daß sich der Mensch von seiner ursprünglichen Bestimmung entfernte, Gottes =
und Nächstenliebe verließ, und mit der Selbst = und
Weltliebe, die die Sinnlichkeit ausmacht, ein Bünd-
niß traf, das ihn zu den Bedürfnissen des Thiers
erniedrigte.

Der

Der Mensch hatte eine höhere Bestimmung; für ihn waren Güter des Geistes gemacht, nicht Güter der Sinnlichkeit; er wollte aber diese genießen, und da er sie als Geist nicht genießen konnte, mißbrauchte er seine Wissenschaft. Er kannte die Bande des Intellektuellen mit dem Sinnlichen, und benützte diese Kenntniß, um sich den Genuß des Sinnlichen zu verschaffen. Da war er nun verhüllt in Felle des Thieres, fühlte seine Naktheit, und konnte sich nicht mehr aufwärts schwingen, weil ihn die Sinnlichkeit gefesselt hielt. Leiden und Tod ward sein Antheil, die gerechte Strafe seines Verbrechens, die nothwendige Folge seiner Verirrung.

Ohne Offenbarung, mein Bruder! würde der Mensch nie auf die grossen Wahrheiten gekommen seyn, durch die er wieder aufwärts steigen, und seine verlorne Würde erhalten konnte. Christus allein lehrte ihn dieses, und zeigte dem Menschen seine Erniedrigung, Prüfung, Aussöhnung und Wiederherstellung.

Ohne Offenbarung, mein Bruder! kann der Mensch in höhern Wissenschaften keine weitern Vorschritte machen: wie kann er aber über die Kräfte des menschlichen Geistes urtheilen, wie über die Kräfte der Natur, da er den ersten Zustand des reinen

Men

Menſchen, und den Zuſtand der erſten unverdorbnen
Natur nicht kennet. Seine Beſchränktheit iſt daher
die Entſtehungsurſache von tauſend Irrthümern, und
die Welt und der Menſch werden ihm ewig ein Räthſel bleiben, weil er mit dem Maße der Körper intellektuelle Kräfte meſſen will.

Die Religion allein, mein Bruder! führt zur
höchſten Weisheit; denn ſie führt zur Anſchaulichkeit
und zu Gott. Dieſes iſt eine Sprache, mein Bruder! die in unſerm Jahrhunderte auffallend ſeyn wird,
weil der größte Theil der Menſchen die Religion gar
nicht mehr kennt, und viele unſerer Gelehrten die
Offenbarung als einen Tand verwerfen, der nur für
den Pöbel gemacht iſt. Allein, mein Lieber! laſſen
Sie ſich von der Sprache des Irrthums nicht irre-
führen; Irrthum iſt nur im Sinnlichen; bey Gott,
wo Anſchaulichkeit iſt, iſt nur allein Wahrheit.

Ich verſpreche Ihnen nicht zuviel, mein Bruder! wenn ich Ihnen ſage, daß, wenn Sie den heiligen Geſetzen der Religion, der Lehre Chriſtus mit
aufrichtigem Herzen folgen, ſich bemühen, die verlorne Würde des Menſchen durch die Verdienſte des
Erlöſers wieder zu gewinnen, daß Sie auch zu dem
höchſten Grade menſchlicher Erkenntniß gelangen werden. Dieſes liegt in der Natur der Sache. Wer
kann

kann sich dem Lichte nähern, ohne mehr erleuchtet zu werden? wer sich der Sonne ausstellen, ohne von ihr Wärme zu empfangen? — Wie herrlich glänzen die Thautropfen am Morgen, wenn sie die aufgehende Sonne beleuchtet! Wie herrlich, Bruder! wird ihre Seele glänzen, wenn sie rein, wie der Thautropfe am Morgen, von der ewigen Sonne beleuchtet wird! —

Die Religion, mein Bruder! enthält grosse Beweise ihrer Heiligkeit. Sie hat Beweise des Geistes, wie Origines sagt, und Beweise der Kraft; diese bestehen in Wundern, jene in Weissagungen. Wer kann diesen Beweisen wohl den historischen Glauben versagen? Waren nicht tausend und tausend Menschen die Zeugen der Wunderwerke.

War es nicht der Geist Gottes, der durch die Apostel wirkte? Wirkte der nemliche Geist nicht durch die Heiligen? — Die Auferweckung der Todten, die Heilung der Kranken — was waren sie anders als die Folgen der Kräfte der Heiligung.

Unsere blossen Philosophen haben hievon freylich keine Idee; wie könnten sie aber auch Ideen von höhern Dingen haben, da sie Dinge und Wirkungen des Geistes durch die Verhältnisse des Körpers erklä-

klären wollen? Der Stolz, mein Bruder! führt nicht
zu diesen Kenntnissen; sie sind die Geschenke des
Glaubens und des verbesserten Willen. Der Geist
der Religion, mein Bruder! hat mit dem Irdischen
nichts gemein. Es ist auffallend, wenn man sieht,
daß der Mensch ein schwaches und unmächtiges Geschöpf, dessen grobe Organe kaum der kleinste Stral
des Lichts durchschimmert, sich erkühnt, ins Heiligthum der Gottheit zu treten, und mit seinen Macht-
sprüchen die Geheimnisse der Ewigkeit zu verwerfen,
weil seine niedrigen Begriffe die Höhe ihm unbekann-
ter Wahrheiten nicht ersteigen können. Könnte man
nicht aufrufen, mein Bruder: geh in dein Nichts
zurück vernünftelnder Staub; glaubst du denn, daß
der Punkt, der deine Größe mißt, auch den Ewigen messen kann? —

    Von jeher, mein Bruder! haben die Misterien
den Ungläubigen beschäftigt; er verwarf sie, ohne
zu bedenken, daß die ganze Natur bey jedem Schritte ihm neue Misterien darbietet. Diese Millionen
Welten, die im Raume der Schöpfung hangen; jene
unermäßlichen Sonnen in der Milchstraße; jene Planeten, jene Irrsterne — was sind sie anders, als
Geheimnisse für uns? Wie wenig kennen wir ihre
Bestimmung, ihren Zweck! Selbst in unsrer Welt —
wie viele Geheimnisse finden wir nicht in der Na-

                 tur?

tur? Wer erklärte jenes flüßige Wesen, das unsere
Nerven leitet? wer den Uranfang des Gefühls in
den Thieren? wer die Fortpflanzung und das Leben
der Blumen und Kräuter? — Ist nicht dieses alles
Geheimniß für uns? Wenn nun diese irdische Welt
unter der grobern Hülle Dinge für uns verdeckt, die
wir nicht begreifen können, um wieviel mehr muß
die Religion, die nur Gott allein zum Gegenstande
hat, unbegreifliche Misterien für unsere beschränkten
Begriffe enthalten? Es ist doch wunderlich, mein
Bruder! der Ungläubige will die Geheimnisse der Religion nicht gedulden, und er gedulet doch die des
Atheismus; er will nicht begreifen, daß ein ewiger
Gott existirt, aber er nimmt eine ewige Materie
an; er weigert sich, eine geistige Substanz zuzulas-
sen, und zweifelt nicht an einer thierischen, die die
Fähigkeit zu denken hätte. Wie groß, mein Bruder!
ist der Unsinn! und wie wahr wird da der Ausspruch
des Baco, da er sagt: Nur der, der seichte Begriffe
von der Philosophie hat, wird Atheist; derjenige,
der tiefer ins Heiligthum der Weltweisheit dringt,
der kehrt zum Glauben und zur Religion zurück.
Aber warum will ich Ihnen, mein Bruder! alle jene Sisteme der Gottlosigkeit erneuern, die in den
heutigen Zeiten sich durch falsche Aufklärung verbrei-
ten? Diese Sisteme sind nicht neu; sie sind aus
dem Alterthume entlehnt, und ihre Anhänger bemühen

hen sich nur alte Gotteslästerungen zu verjüngen, über die die Religion längst gesiegt hat. Die falsche Weltweisheit, mein Bruder! bedient sich fälschlich des Namens eines Sistems; sie hat kein Sistem; sie geht nicht, sondern tappt nur im Finstern; die Religion klärt auf, der Unglaube verfinstert, und Untergang und Ruin sind seine Wirkungen.

Der Unglaube bringt nie in das Innere; er hält sich nur immer mit der Außenseite auf, und daher konnte er auch nie das Innere der Religion erschüttern.

Alle Ungläubigen suchen die Menschen von Menschen zu isoliren, und setzen einen mörderischen Egoismus auf, der die Ursache alles Elendes der Menschheit ist.

Die Religion sucht Menschen mit Menschen zu vereinen, und lehrt sie eine reinere Quelle, aus der die Glückseligkeit der Menschen fließt; sie ist die Kette der Liebe, die Menschen mit Menschen und mit Gott vereiniget.

Um die Würde der Religion in ihrer Größe zu kennen, darf man nur ihren Lehren die Lehrer der Ungläubigen entgegen setzen. Einer behauptet, der

P   Beweis

Beweis der Exiſtenz eines Gottes ſey der höchſte Un-
ſinn ; der Atheismus allein führe die Menſchen zum
Glücke.   Ein anderer ſagt, daß Seele und Geiſt
Wörter ſind, die die Eigenliebe erfand, daß man
ehevor auf den Körper denken müſſe, ehe man ſich
mit der Seele beſchäftige. · Ein dritter ſchreibt: Alle
unſere Handlungen ſind Handlungen der Selbſtliebe;
wir ſind alſo weder dem Freunde und Wohlthäter
Dankbarkeit, noch dem Vater Liebe ſchuldig.   Dieſes
und noch andere ſind die Grundſätze von Menſchen,
die die Feinde der Offenbarung ſind.

Wo iſt nun der Menſch, deſſen Herz, wenn es
je fähig zum Gefühle des Guten iſt, nicht die Grundſätze der Religion den Sätzen des Unglaubens vorzieht?
Iſt es nicht ſelbſt für die Offenbarung rühmlich, daß ſie keine andern Feinde aufzuweiſen hat,
als ſolche, die die Abſcheulichkeit ihrer Lehren bey
dem erſten Anblicke verrathen.

Aber, mein Bruder! das allgemeine Verderben
der Menſchheit überzeugt uns nur zu ſehr, wie wahr
der Ausſpruch des Evangeliums iſt; klein iſt die Zahl
der Auserwählten.   Wie viele ſind wohl den Geſetzen des Glaubens getreu, wie viele der heiligen Lehre! Es iſt eine Wahrheit, die ſchrecklich, doch täglich ſichtbar iſt.

Frey-

Freylich gab es von jeher immer einige, die sich in der wahren Erkenntniß Gottes, und in dem wahren Dienste der Gottheit erhielten; aber es scheint, als wenn diese Wenigen auf der ganzen Erde zerstreut lebten; es scheint, als wären sie selbst unter denen, die die heilige Lehre zu bekennen, vorgeben, unbekannt; und doch sind sie, und werden immer seyn, tugendhaft und rein unter der Masse der Ungläubigen.

Die Tugend, mein Bruder! steht im engen Verbündniße mit der Wahrheit; die Wahrheit ist das Wesen der Dinge, und die Tugend das Verhältniß unsrer Handlungen nach der Wesenheit und der Natur der Dinge.

Alles ist Ordnung im Reiche der Gottheit; der Mensch hat die Fähigkeit, die Verhältnisse dieser Ordnung zu kennen, und diese Fähigkeit, diesen Verhältnissen zu folgen macht den Grund seiner Sittlichkeit, und diese besteht, wie ich Ihnen schon gesagt habe, in dem großen Gesetze der Liebe.

Der Weise kennt, daß Gottes-Liebe und Selbst-liebe entgegengesetzte Triebe sind. Die erste dehnt das Herz des Menschen aus, und macht es liebvoll gegen alle Geschöpfe. Die zweyte konzentrirt das

P 2   Herz

Herz des Menschen in sich selbst, und trennt ihn von allen sanften Verbindungen.

Die göttliche Liebe vereint mit den stärksten Banden die häusliche und bürgerliche Gesellschaft; sie ist in Allem Abbruck der Liebe des Schöpfers; da die Selbstliebe nur feindselige Neigungen hegt, und alle Bande der Freundschaft und Anhänglichkeit zerstört.

Die Offenbarung lehrt uns deutlicher die grossen Verhältnisse der Liebe kennen; sie zeigt uns den Weg zu den erhabensten Tugenden, und erklärt uns unsere Bestimmung, unsere zukünftige Seligkeit.

Die Vernunft, mein Bruder! verbindet uns, unsern Verstand dem Glauben zu unterwerfen, wenn wir überdenken, daß alles das gut und zum Menschenglücke ist, was im Glauben liegt. Wer Gott kennt, seine Sprache in der Natur weis, die überall Liebe verkündigt, der kennt auch seine Sprache in der Religion, und aufrichtiger Glaube macht nie die Folter unserer Vernunft, sondern er ist vielmehr die Ruhestätte innerlicher Seligkeit. Der Unglaube spottet der Geheimnisse des Glaubens, aber er verräth seinen Unsinn, da er über Dinge spottet, die er nicht kennt, nicht kennen kann, weil Aufrichtigkeit der Seele allein nur Wahrheit findet.

Sie

Sie werden sehen, mein Freund! daß diejenigen, die die Offenbarung bekriegen, nur immer das
Aeußerliche angreifen, und die Aergernisse zur Vertheidigung ihrer Sätze nehmen, die die Kirchenge-
schichte uns liefert. Aber sagte uns nicht Christus
selbst, daß es Aergernisse in der Kirche geben werde,
und sind es nicht diese Aergernisse selbst, die das
Innere der Religion erhöhen, weil sich dieses Innere
immer erhalten hat.

Wem können die Sätze des Unglaubens dienen?
wem die Schmähungen über Religion, Vorsehung
und Unsterblichkeit? Sie können nur für den Lasterhaften Gewicht haben; denn diesen allein liegt daran, daß die Wahrheit geschwächt werde, die fürs
Wohl des Ganzen ist.

Bedenken Sie einmal, mein Freund! wie viele
Mühe sich der Unglaube gab, das Ansehen der Schrift
zu schwächen! welche Lästerungen wurden nicht gegen
das Buch Moses geschrieben! Man durchsuchte die
Physik, die Monumente des Alterthums, die Geschichte, um Waffen zu finden, die Wahrheit zu bestreiten, aber doch war es vergebens. Der Ursprung
der ältesten Völker, ihre Traditionen, selbst die Fa-
beln der Dichter sprechen für die Wahrheit dieses
Buchs, für den, der unpartheyisch die Sache untersucht.

ſucht. Es wurde bewieſen, daß die Alterthümer der
Chineſer und Indianer nicht weiter als bis zu Sa-
lamons Zeiten reichten.   Die tauſend und tauſend
Jahre, die man ihnen zueignete, und die man durch
verſchiedne Alterthümer zu erproben ſuchte, wurden
durch gleiche Alterthümer wiederlegt, die man in den
Ruinen von Herkulanum fand.   So ergieng es auch
noch andern Einwürfen.   Die Aſtronomie entdeckte
unendliche Sterne ; der Phiſiker kam dahin, daß
man das Licht als einen Körper anſah, der von der
Sonne weſentlich unterſchieden iſt.   Und ſo enthüll-
ten ſich immer mehrere Geheimniſſe ſelbſt im Fort-
gange mehr auſgebreiteter Natur = Kenntniſſe,

    Aber warum, werden einige ſagen, glänzet die
Wahrheit nicht im vollen Lichte ? warum reißt ſie
nicht jeden Geiſt hin zur Bewunderung ? Dieſe Frage beantwortet allein die Offenbarung.   Wir ſind in
einem Zuſtande, der entfernt vom Lichte iſt; wir leben ein Leben , das mit Licht und Finſterniß ver-
miſcht iſt.   Wir ſind hienieden in der Dämmerung,
die uns nur einen zukünftigen Tag verkündigt.   Die
Wahrheit der Gegenſtände, die uns umgeben, können durch kein anders Licht richtiger beurtheilt werden, als durch das Licht des Glaubens.

                                        Die

Die Wahrheiten, die den Menschen zur Glückseligkeit führen müssen, werden ihm durch die Religion von einer solchen Seite gezeiget, daß sich der
Mensch diesen Wahrheiten nahen und entfernen kann.
Dieses Verhältniß liegt in den Gesetzen der Freyheit,
die der Mensch nothwendig haben muß; wo er hin-
sieht, sieht er Abbrücke seiner Bestimmung, Winke
der Gottheit, die ihm immer aufwärts rufen.

Wo Sie hinsehen, mein Bruder, so finden Sie
Vorurtheile und Irrthum, nur im Glauben nicht;
denn dieser schließt alle Vorurtheile und Irrthümer
aus. Selbstliebe, eitle Ehre und Größe, und alles,
was die Welt und die Sinnlichkeit Falsches haben.

Die Religion, mein Bruder! bietet uns einen
Plan an, der voll Zusammenhang, voll Wahrheit
und Größe ist. Die erste Sünde des Menschen,
das mosaische Gesetz, die Göttlichkeit Jesu Christi,
seine Auferstehung, die Gründung seiner Kirche, seine Glaubensgeheimnisse, alles ist ein Band, eine
Kette, die sich mit der Sittlichkeit vereint, und
Eines macht. Man kann kein Glied von dieser
Kette trennen, ohne das Ganze zu verletzen. In
dem Christenthume findet man wie in der ganzen
Natur Einheit, Uebereinstimmung, die den Schöpfer
des Ganzen verkündigt. Josephus, der Jud und

Ge-

Geschichtschreiber mußte selbst die Heiligkeit Christi
bekennen. Sueton, Tacitus, Plinius, Lucian reden
und bestätigen von dem Christenthume das, was die
Traditionen uns sagen. Justinus, Laktantius, Origenes, Tertullianus, und alle ersten heiligen Väter
nehmen selbst die Heiden zum Zeugen in Rücksicht
der Beweise des Geistes und der Kraft des Christenthums, in Rücksicht der Weissagungen und Mirakel,
und ihre Werke wurden nicht widerlegt, nicht wider-
sprochen.

Chalcides und Makrobius sprechen von dem
Sterne, der den Weisen aus Morgenland erschienen
ist; Phlegon und Thallus machen Bemerkungen über
die Finsternisse, die bey Christi Tod die Erde be-
deckten, und bestätigten die Aussage der Evangeli-
sten. Julianus bemerkt die schrecklichen Phänomene,
die sich bey der Wiedererbauung des Tempels der
Juden ergaben, da die Fundamente in Abgründe
sanken; und die Schriften der Rabiner enthalten
das nemliche. Celsus und Porphyrius beschreiben
die Wunderwerke Christi, und in allen Büchern des
Alterthums findet der Wahrheitsuchende vollkommene
Harmonie des Ganzen.

Allein, mein Bruder! die Religion fodert
auch ihr Studium; aber man liebt dieses Studium
nicht,

nicht, weil man die Religion nicht kennt, und man will sie nicht kennen, weil sie sich mit unserer Sinnlichkeit und Selbstliebe nicht verträgt.

Betrachten Sie einmal den harmonischen Gang des Glaubens von Jahrhundert zu Jahrhundert. Die Schritte der Wahrheit sind abgemessen gleich; vergebens sind die Hindernisse, die ihr im Wege stehen; sie gleitet mit festem Fuße über alle hin, und erreicht ihren Standort.

Völker vereinen sich, um das Gesetz der Gottheit und seines Volkes zu zerstören; sie verschwören sich, und sinken. Das Volk selbst verläßt die Gesetze, verläßt Wahrheit, und kömmt in sein Verderben, und trägt den Fluch seines Verbrechens noch an seiner Stirne. Vergebens vereinen sich die Boshaften um Christus Lehre zu unterdrücken, die Nebel des Heiligthums verschwinden bey der aufgehenden Sonne.

Die Welt ist eine vergängliche Gestalt; das alte Gesetz war eine Gestalt, die bereits vergangen ist: selbst das Reich des Messias ist in dem Raume der Zeit der Unvollkommenheit unterworfen, denn sein Reich ist nicht von dieser Erde, sondern ein Reich der Ewigkeit. Daher liegt es in den Gesetzen

ſetzen der Ordnung, daß alles, was ſeinen Gang
durchs Sinnliche und Vergängliche nimmt, in eine
Hülle von Dunkelheit verhüllt ſey. Nur der große
Tag der Ewigkeit erleuchtet alle dieſe Dinge; dort
ſchwindet dieſe Hülle, und das Aug der Seele bekömmt Anſchaullichkeit. Es iſt ungerecht, wenn der
Menſch ſich über dieſe myſteriöſe Dunkelheit beklagt,
worein er auf dieſer Erde eingehüllt iſt; dieſe Dunkelheit iſt eine gerechte Strafe ſeines Zuſtandes.
Ohne Mühe, ohne Arbeit erhält er das verlorne
Licht nimmer.

Der Schleier, der die Gottheit für unſre ſchwa-
chen Augen deckt, iſt Prüfung für uns. Wenn die
Zeit dieſer Prüfung vorüber iſt, ſo zerreißt die Decke
der Zukunft, und die Schönheit und Majeſtät Gottes erſcheint in ihrer Pracht.

Hienieden iſt Gott nur dem ſichtbar, der ihn
ſucht. Wenn er ſeine Himmel verläßt, ſo erſcheint
er in der einfältigen Geſtalt des Tugendhaften, des
Armen, des Unterdrückten. Der eitle Menſch kennt
ihn nicht; nur kennt ihn der Fromme; für dieſen
iſt Gott überall, in der Natur und im Glauben;
doch immer verdeckt unter einem Schleier, durch den
nur das Aug ſieht, das in Demuth anbetet.

Die

Die Gesetze der Gottheit, mein Bruder! ver=
halten sich nach der Größe ihrer Vollkommenheit,
und die Tugend ist die Uebereinstimmung unsrer
Handlungen mit ihren Gedanken. Daher ist die
Moral des Evangeliums die geschriebene reine Ver=
nunft; diese reine Vernunft aber findet man nir=
gends außer in diesem göttlichen Buche. Gott ist
die Sonne der Seele; wenn die Wolken unsrer Be=
gierden aufsteigen, so wird das wohlthätige Licht
der Gottheit für uns verhüllt, und wir sind im
Finstern. Nur dann, wenn die Wolken der Be=
gierden, die Werke der Sinnlichkeit sich zerstreuen,
steht die Seele in hellerm Lichte.

Der Glaube also, mein Freund! führt uns zu
den größten Wahrheiten. Er lehrt uns, wie ich
Ihnen bereits gesagt habe, den Menschen in seinem
Ursprunge, in seiner Erniedrigung, Prüfuug und
Aussöhnung kennen.

Der erste Mensch, mein Bruder! genoß alle
Vorrechte eines reinen Geistes; er war mit einer
unzerstörbaren Hülle umgeben, und würde nie den
Tod gesehen haben, hätte er nicht diese heiligen Vor=
rechte durch seinen Ungehorsam verloren.

Dieser

Dieſer Standpunkt ſeiner Würde war das ſelige Eden, das Parabies der Freuden, wo ihn Früchte der Seligkeit nährten. Gleichſam als ein König der Welt war er im Mittelpunkte über alles Jrdiſche geſtellt, und überſah die ganze Peripherie des um ihn her liegenden Zirkels des Sinnlichen.

In dieſem Zuſtande der urſprünglichen Geiſtigkeit hätte er ewig die reinſte Seligkeit genoſſen, wenn er ſtets über die Sinnlichkeit geherrſcht, und ſich nicht durch ſelbe zur Untreue gegen ſeinen Gott hätte verführen laſſen. Er verlor den Umfang ſeines Gebiets aus ſeinen Augen; er ſtieg zur Sinnlichkeit herab, heftete ſein Aug auf ein falſches Weſen, und ſank in Dunkelheit und Verwirrung.

Mit dieſem Falle des erſten Menſchen kam als eine nothwendige Folge ſeiner Verirrung alles dasjenige, deſſen ſich der Menſch bis itzt zu ſchämen hat, und wogegen er kämpfen muß, bis er wieder dahin kömmt, wovon er abgewichen iſt.

Die Kette war zerriſſen, die den Menſchen an Gott band, und ſie wäre unwiderbringlich zerriſſen geblieben, wenn nicht die Liebe der Gottheit den Menſchenerlöſer zur Wiederherſtellung der getrennten Einigung geſendet hätte.

Die

Dieser Sohn der Gottheit trat ins Mittel, streckte seine Arme gegen den Vater der Welten um den vertriebenen Menschen aus, dem er mitleidig seine Hände reichte, und knüpfte daher die Kette wieder an, die die Sünde zerriß.

Unser itziger Zustand, mein Bruder! ist noch weit mißlicher als der Zustand des erstgefallenen Menschen; denn bey viel geringern Kräften und unter mehrern Gefahren haben wir noch den nemlichen Kampf gegen die Reize der Sinnlichkeit. Darinn besteht das natürliche und erworbene Verderben.

Das natürliche Verderben ist die einem jeden eigene Neigung zum Bösen; das erworbene; die Befriedigung dieser Neigung.

Unsere Pflicht ist also für Wahrheit und Licht zu streiten; uns zu vergeistigen, vom Sinnlichen zu trennen, da wir uns immer mehr und mehr von Selbstliebe und der Liebe der Welt entfernen.

Der Mensch würde keine Waffen zu diesem Streite finden, keinen Muth, keine Stärke haben, wenn ihm nicht die Offenbarung die Waffen bekannt gemacht hätte; auch theilt sie ihm Muth und

Stärke

Stärke im Kampfe mit, da sie dem christlichen Kämpfer die Mittel der Gnade zeigt, und ihm das Vorbild der reinsten Tugend in Christo liefert.

Wir wissen aus Erfahrung, mein Freund! wie sehr unser Körper an das Sinnliche gefesselt ist. Tausend Reize verführen uns immer, und senken uns tiefer und tiefer in den Unrath der Elemente herab.

Wir würden auf ewig verloren gewesen seyn, wenn nicht der Mittler, der Christus ist, aufgetreten wäre. Er zeigte die Wege, auf welchen der Mensch wieder den Punkt erreichen kann, von dem er abwich.

Der Mensch also, mein Bruder! der jene Höhe wieder erreichen will, von der er sank, muß in Christo wiedergebohren werden. Dieses ist sein großer Beruf, seine Bestimmung; dieses lehrt ihn der Glaube, die Religion.

Wiedergebohren werden heißt den alten Menschen ausziehen, wie Paulus sagt; sich selbst und die Welt verläugnen, und ganz für Gott leben. Dieses ist der Weg zur Wahrheit und zum Lichte; die-

dieſes iſt der Gegenſtand des großen Werkes der ganzen Erlöſung und Wiederverklärung. ·

Allein, mein Bruder! unſere Arbeit würde vergebens ſeyn die ſtrengen Foderungen zu befriedigen, die die göttliche Gerechtigkeit von uns begehrt. Wir würden muthlos werden: allein die Offenbarung reicht uns kräftige und thätige Mittel, dieſe unſere Ausſöhnung zu erleichtern, und unſere Vollendung möglich zu machen.

Gott hat nach ſeiner unendlichen Liebe uns alles dargeboten, was uns aus dem Zuſtande der Verweiſung zum Genuße des Lebens, der Kindſchaft, und Freyheit zurückführen könnte.

Dieſe Mittel liegen im Schooſe des Glaubens, wo ſie der allgemeine Erlöſer der Menſchen hinterlegte; ſie ſind die Schätze ſeiner hienieden ſichtbaren Kirche. Durch die Nachfolge des Erlöſers der Menſchen werden unſre Kräfte belebt und erhöhet; wir können uns aus der Tiefe der Dunkelheit erheben, und zu dem aufſchwingen, wo allein Ruhe iſt.

Wir

Wir leben im Stande des Kampfes, im
Stande der Reinigung, und müssen daher die Mit=
tel brauchen, die zu unserm Heile nothwendig sind.

Große Seligkeit, mein Freund! erwartet den,
der in Christo wiedergebohren ist; der den alten
Menschen auszieht, um den neuen anzulegen, denn
nur durch diesen kann er sich der Verklärung fähig
machen.

Wer nicht das geistliche Leben empfängt, d. i.
wer nicht von neuem aus dem Herrn gebohren
wird, der kann nicht die Seligkeit erlangen. Wahr=
lich! Wahrlich! ich sage dir, wer nicht von neuem
gebohren wird, der kann das Reich Gottes nicht
sehen: So heißt es bey Johannes.

Nun fragt sich, was will denn sagen: wie=
dergebohren werden? Wiedergebohren werden heißt
aufhören nach dem Sinnlichen in der Welt zu le=
ben, und anfangen nach den Gesetzen der Ordnung
des Geistes zu leben; nach dem Vorbilde des Er=
lösers, zu denken, wie er dachte; zu handeln, wie
er handelte; mit einem Worte: ihm allein ähnlich
zu werden. Dieses ist der neue Mensch, der mit
Verbesserung seines Geistes ein neues Leben lebt,
an höhere Welten angekettet wird, und zur könig=
lichen

lichen Würde aufsteigt, zu der der erste Mensch erschaffen war.

Die Würde, zu der der Mensch bestimmt ist,
ist über Sinnlichkeit und Leidenschaften, und über
die Welt zu herrschen, und die Vorrechte seines Geistes gegen der Vergänglichkeit zu zeigen. Aber die
Begierde der meisten Menschen geht aufs Sinnliche.
Der, der nur Vergnügen, Wohllust und Ansehen in
der Welt sucht, der ist nicht vom Reiche der Ewigkeit. Das Reich des Geistes hat mit dem Reiche
der Sinnlichkeit keine Gemeinschaft. Vergessen Sie
niemal den Satz, mein Bruder! daß die große Bestimmung des Menschen für die Ewigkeit ist. Wir
sind zwar ein zweyfaches Wesen; unser thierische
Körper gehört zu dieser Welt; unsre Seele aber ist
bestimmt zum Reiche der Unsterblichkeit.

Diese Seele, die also wesentlich von dem Körper unterschieden ist, hat ganz andere Verhältnisse
ihrer Glückseligkeit als der Körper; und diese Verhältnisse, diese Gesetze sind die Gesetze der Harmonie
der Geister-Welt, die den Himmel ausmacht.

Unser Geistes-Gesetz ist daher nach dieser Harmonie zu denken und zu handeln, das will sagen:
daß wir hier in dem Raume der Zeit denken und

urtheilen ſollen, wie man in der Ewigkeit denkt und
urtheilt; hier verachten, was man dort verachtet;
hier ſchätzen und hochachten, was man dort ſchätzt
und hochachtet; hier liebt, was man dort liebt; hier
ſich deſſen freuet, deſſen man ſich dort freuet. Dieſe Denkart wird himmliſcher Sinn genannt; der
Sinn desjenigen, der in Chriſto wiedergebohren iſt.

Wir erlangen, mein Bruder! bey der Eintre-
tung in dieſe Welt ein natürliches Leben; das Leben
der Sinnlichkeit, in welchem der Menſch ſich und
die Welt vor dem Nächſten und vor Gott liebt.
Dieſes Leben leben die meiſten Menſchen; allein dieſes iſt nicht das Leben des Geiſtes, das uns Chriſtus lehrte, und zu dem der Menſch durch die Religion wiedergebohren werden muß.

Das geiſtliche Leben iſt, Gott über alles und
den Nächſten wie ſich ſelbſt zu lieben, und dieſes
nach den Geboten des Glaubens.

Ein jeder Menſch, mein Bruder! wird von ſeinen Aeltern in dem Böſen der Liebe ſeiner ſelbſt und
der Welt gebohren. Alles Böſe, das er durch die
Gewohnheit oder Fertigkeit gleichſam als ſeine Natur an ſich genommen hat, wird gleichſam auf die
Nachkommenſchaft fortgeleitet; daher iſt die Fortpflan-

zung

tung des Bösen in der Welt so unendlich groß, weil alles, was von des Menschen eigenem Leben herkommt, sich auf Selbst= und Weltliebe bezieht.

Dieses natürliche Verderben machte die Offenbarung nothwendig, denn nur durch den Glauben und die Liebe des Herrn kann das natürliche Leben ins geistige verändert werden.

Niemand, mein Freund! kann wiedergebohren werden, es sey denn, daß er solche Dinge wisse, welche zum neuen Leben, d. i. zum geistigen Leben gehören.

Was zu diesem neuen Leben gehört, ist das Wahre, das man glauben, und das Gute, das man thun soll.

Diese Dinge kann niemand aus sich selbst wissen, denn der Mensch begreift nichts, als was in die Sinne gefallen ist. Aus denen hat er ein Licht erlangt, welches das natürliche Licht genannt wird, aus welchem er nichts anders sieht, als was der Welt und sein eigen ist, nicht aber was des Himmels und was Gottes ist. Dieses muß er erst aus der Offenbarung lernen.

Q 2.   Die

Die Offenbarung giebt also Geſetze für den innern Menſchen, und dieſer innere Menſch muß über den äußern herrſchen; denn die Ordnung des Lebens bey dem Menſchen iſt von ſeiner Geburt an verkehrt; nämlich was herrſchen ſoll, das dienet, und was dienen ſoll, das herrſcht. Dieſe Ordnung muß alſo umgekehrt werden; der innere Menſch muß herrſchen, und der äußere dienen. Wenn dieſes geſchieht, ſo iſt denn der innere Menſch wiedergebohren, und dann beſtätigt ſich das, was Johannes ſagt: Wenn jemand nicht aus Waſſer und Geiſt gebohren wird, ſo kann er nicht in das Reich Gottes kommen. Das Waſſer iſt nach dem geiſtigen Sinne das Wahre des Glaubens, und der Geiſt iſt das Leben nach ſolchem Glauben.

So wichtig dieſe Wahrheiten ſind, die ich Ihnen hier entdecke, mein Bruder! ſo müſſen Sie doch auf ihrer Hut ſeyn, daß, wenn Sie ſich öfter mit Nachdenken über dieſe Wahrheiten beſchäftigen, daß Sie ſich nicht in Irrthum verleiten laſſen. Sie müſſen ſich in der Kirchengeſchichte wohl bewandert machen, um alle die Irrthümer von der Wahrheit zu unterſcheiden, die die Irrglaubigen in den erſten Zeiten der heiligen Lehre des Evangeliums entgegen ſetzten, und die von den heidniſchen Philoſophen noch herrühren.

Sie

Die Platoniker, die Peripathetiker, die Szep-
tiker bemühten sich auf verschiedene Arten die reinen
Quellen der Religion mit ihren Irrthümern zu ver-
mischen; und es giebt noch heut zu Tage Menschen,
die aus Mangel richtiger Kenntniß der Geschichten
platonische, pithagoräische und zoroastrische Sätze mit
der reinen Christuslehre verbinden, und den Wahr-
heitsuchenden in Irrthum verleiten.

Der Ruhm des Namen Jesu Christi und seiner Wunder war so sehr bestätigt, daß es eine ganz
vergebliche Verwegenheit gewesen seyn würde, wenn
die neuen Platoniker unsern Erlöser unmittelbar angegriffen hätten. Sie erklärten ihn für einen grossen Philosophen, welcher unter den Juden den wahren Weg zur Vereinigung mit Gott gekannt hatte;
sie machten auch seine Wunder nicht zweifelhaft;
allein sie behaupteten, daß er die Absicht nicht gehabt hätte, die Götter zu läugnen, und die Welt
von ihrem Dienste abwendig zu machen, durch welches Behaupten sie die Göttlichkeit seiner Person zu
bestreiten suchten. Ammonius war einer der vornehmsten, der alle metaphisischen Künste brauchte, um
dieses Sistem durchzuarbeiten; er rief alle morgenländische Weisheit zu Hilfe, und machte ein Sistem,
das theils aus Christus Lehre, theils aus Zoroasters,
Plato's und Aristoteles Sätzen, zusammgesetzt, und
daher

daher um so gefährlicher war, als er die Sätze
der Wahrheit von Christus Offenbarung, von der
Einheit und Dreyeinigkeit eines Gottes, einer Er=
neuerung, Erleuchtung, von einer Wiedergeburt, von
Erzengeln und Engeln, und Mittlern zwischen der
Gottheit und dem Menschen entlehnte, um den
Hauptgrund der wahren Religion zu stürzen, welche
darinn bestund, daß Christus die Menschheit annahm,
um das Menschengeschlecht zu erlösen. Ammonius
schrieb zwar selbst nichts; allein sein Lehrsystem ist
aus den Schriften eines Plotinus, Jamblichus, und
Porphyrius übrig geblieben.

In dem neuen Lehrgebäude des Ammonius gab
es also nur Einen Gott. Dieser Gott, der uner=
forschlich, und von Ewigkeit ruhig gewesen seyn soll=
te, hatte aus sich selbst den Verstand, und der Ver=
stand hatte aus sich eine göttliche Seele erzeuget.
Gott war ein Licht, das von einem Lichtkreise um=
geben ist, aus dem ein neuer Lichtkreis entsprungen
war. Der Kreis außer diesem letztern Kreise war
finster, und bedurfte des Lichtes. In dem Verstan=
de Gottes lag die Welt mit allen ihren Theilen,
als ein Ganzes, gleich den Bächen, die so lange
ganz in der Quelle sind, bis sie herausfließen. Die=
se Welt aber, die aus dem Verstande Gottes heraus=
floß, war von der göttlichen Seele, dem Ursprunge

aller

aller Geister und Seelen, von Ewigkeit her durch eine Weltseele belebt und gebildet worden. Man konnte also nach diesem Sisteme sagen, daß die Welt ewig wäre, wenn man auf die Zeit sah; man konnte auch sagen, daß sie einen Anhang hätte, wenn man ihre Ursache erwog, weil man die Ursache allezeit eher denken muß, als die Wirkung. Auf diese Weise mußten Zoroaster, Plato und Aristoteles Freunde werden, weil die christliche Religion bestritten werden sollte.

Aus dem Verstande und der Seele Gottes stammte nach dem ammonischen Lehrgebäude eine unüberschauliche Reihe Geister her, welche der Ordnung und also auch der innerlichen Güte nach von einander unterschieden, aber doch alle gut und in ihrer Art vollkommen waren. Die Geister, welche auf der höchsten Stufe stehen, verdienen Götter genannt zu werden. Sie existiren auf eine bessere Art; sie vermögen alles, und alles in einem Augenblicke. Die Geister, welche auf die Götter mittelbar folgen, sind die Erzengel, Engel, Dämone und Heldenseelen. Alle diese stehen zwischen den Göttern und den Menschen in der Mitte, und werden eben dadurch Mittler zwischen denselben und der Gottheit. Also ist alles voll Götter; und wenn die Menschen zur Gottheit hinaufsteigen wollen; so müssen sie diejenigen,

die

die zwischen ihnen und der Gottheit in der Mitte
find, ehren, weil ihr Gebeth nur durch sie bis zur
ersten Gottheit gelangen kann. Auf diese Weise
gl ubte Ammonius die Anbetung unzählbarer Götzen
zu rechtfertigen, und ihren Dienst vor den Angriffen
der Christen zu beschützen.

Die Geister können, wie Ammonius lehret, durch
theurgische Künste zur Erscheinung genöthiget; die
Dämone aber durch Drohungen, Beschwörungen
und Talismane vertrieben werden, und zwar wegen
des engen und genauen Zusammenhanges, der alle
aus der Gottheit ausgeflossene Wesen miteinander
verbindet. Die Engel und die Dämone sind nicht
ganz reine Geister, sondern nur mit einem feinern
Körper umgeben, als der menschliche Leib ist. Die
Regierung der Welt ist unter die reinsten Geister
vertheilet, jedes Land hat seine besondern Götter;
jeder Mensch seinen Dämon und seinen Engel. Jener fesselt ihn wegen seiner allzugroßen Neigung zur
Materie an dieselbe an, und verschließt seinen Geist
in den Körper. Dieser hingegen treibt und ermun-
tert ihn, sich von der Materie frey zu machen. Die
Dämone sind die wahren Ursachen der menschlichen
Neigung gegen das Irdische, und von ihnen rühren
auch die Krankheiten und Unordnungen der Natur
her. Die Götter finden nur an Opfern einen Ge-

schmack,

schmack, bey welchen kein Blut vergossen wird; den
Dämonen hingegen gefallen blutige Opfer mehr, weil
sie ihres feinen Körpers wegen sinnlicher und wohl-
lüstiger sind, als die reinen Geister, die von keiner
solchen Hülle umgeben werden.

Der Ursprung der menschlichen Seelen ist nach
dem Sisteme des Ammonius nicht etwa in dem
mächtigen Willen der Gottheit, sondern selbst in dem
Wesen derselben zu suchen. Sie sind aus ihr ohngefähr eben so entstanden, wie Funken von einer
Flamme abspringen, ohne daß sie dadurch abnimmt
und verzehrt wird. Sie sind da gewesen, ehe sie in
Körper verschlossen wurden. Ihre Neigung zu dem,
was unter ihnen war, und ihre Begierde, sich fortzupflanzen, ist die Ursache ihres Falles. Diese Begierde zu zeugen ist böse, und von ihr stammet das
Elend des menschlichen Lebens her. So lange die
Seele an die Materie gefesselt, und in dem Körper
verschlossen bleibt: so lange kann sie keine wahre
Glückseligkeit genießen. Denn eben durch die Her-
abneigung der Seele zur Materie neigt sie sich zu
dem, was nicht ist, vergißt ihres Wesens, entbeh-
ret sich gleichsam selbst, und kennet sich nicht. Mit
Recht heißt daher der Körper ein Gefängniß der
Seele, und ein lasterhaftes Leben ist eben deßwegen
eine wahre Sklaverey. Soll der Geist dieser See-

lens

lensklaverey entrissen werden; so muß er alles wegs
werfen, was nicht sein ist; er muß vielmehr seine
Seele von der Knechtschaft des Körpers zu erlösen
suchen. Der Endzweck der Philosophie ist also die
Befreyung der Seele von den Fesseln ihres Leibes;
sie muß zu dem wieder zurückgeleitet werden, was
wirklich ist; sie muß sich durch die Betrachtung der
Wahrheit zu den reinern Geistern aufschwingen, und
sich durch sie mit Gott vereinigen. Doch diese Vereinigung mit der Gottheit kömmt in diesem Leben
nicht völlig zu Stande; dieses Glück genießen die
vereinigten Seelen erst in den Sitzen der Seligkeit.
Nur wenigen großen Geistern gelingt es zuweilen
schon auf der Erde sich in einen Zustand zu versetzen,
wo sie ganz Seele werden, und die Gottheit selbst
anschauen können. Es wird aber ein so großes Werk,
als die Reinigung der Seele ist, nicht auf einmal,
sondern stufenweise vollendet. Daher giebt es natürliche Tugenden, welche den Körper schmücken, und
dadurch der Seele ihre Gefangenschaft erleichtern;
sittliche oder bürgerliche Tugenden, welche die Ordnung und Ruhe des gemeinen Wesens unterhalten;
beschauliche Tugenden, welche den Menschen vom
Körper abziehen, in sich einkehren, und ihn stets mit
der Betrachtung seiner selbst beschäftigen lassen; rei-
nigende Tugenden, die in der Enthaltung von körperlichen und sinnlichen Handlungen bestehen, und

den Menschen nicht allein von seiner Neigung zur
Materie, sondern von den Ketten des Leibes selbst
immer mehr und mehr befreyen; theurgische Tugenden, welche den Weisen zum Umgange und der Gemeinschaft mit den Göttern geschickt machen, und
ihn in den Stand setzen, daß er die Geister erscheinen lassen, und den Dämonen befehlen kann; endlich noch göttliche Tugenden, welche die Seele besitzt, wenn sie nun von aller Rinde und Materie
entkleidet ganz Engel, und noch mehr, wenn sie mit
ihrer ersten Quelle vereiniget und Gott geworden ist.
Hat der Mensch in seinem Leben keine solche Reinigung seiner Seele vorgenommen, sondern sich durch
Laster immer weiter von seinem ersten Ursprunge entfernet, und tiefer in die Materie herabgesenkt; so ist
er in der Gefahr, nach seinem Tode in noch schimpf-
lichere Kerker, als die menschlichen Leiber sind, ver-
stossen zu werden, oder doch so lange aus einem
Körper in den andern zu wallen, bis er von der
Materie frey ist. Hat hingegen der Mensch dieses
große Werk zwar angefangen, aber nicht weit genug
getrieben, weil er lebet; so ist seine Strafe die,
daß er nicht gleich nach seinem Tode in die Sitze der
Seligen gelanget, sondern an einem mittlern Orte
diese Reinigung erst vollenden muß, ehe er zum Genuße der höchsten Seligkeit kommen und sich in Gott
verlieren kann.

Ein

Sie sehen, mein Bruder, daß in diesem Sisteme sehr viele Wahrheiten liegen. Ammonius entlehnte sie von den Lehren der Weltweisen des Alterthums, und selbst von der Sktenlehre der Christen;
allein Ammonius Lehre wurde bald mißbraucht; man
suchte dadurch Christus Lehre zu bekämpfen, und den
Glauben an die Göttlichkeit seiner Person zu schwächen, und daher die wichtigsten Glaubenspunkte zu
untergraben. Noch in unserm Jahrhunderte giebt es
einige, die so gar die Kirche beschuldigen, als hätte
sie die Lehre und Verehrung der Schutzgeister, die
Erorzismen, die Lehre des Fegfeuers, oder des Rei-
nigungs - Zustandes vom Ammonius entlehnt: allein
wie falsch dieses Behaupten ist, klärt die Geschichte
der Religion und der Apostel selbst auf, und man
weis, daß Ammonius die Wahrheiten, die in seinem
Sisteme liegen, von den Christen genommen hatte.

Ich sage Ihnen dieses, mein Freund! um Sie
vor Irrwegen zu warnen, um Ihnen zu zeigen, daß
es nur Einen Gott, Eine Wahrheit, Einen Erlöser,
Eine Religion gebe. Woher aber die Gewißheit, werden mir einige sagen, daß der Mensch, da es so
viele Religionen giebt, erkennen könne, welche die
wahre ist? — Eben diese Frage, mein Bruder! nebst
der über diesen wichtigen Gegenstand herrschenden
Ungewißheit, zeigt den Menschen in seiner wahren

Schwä-

Schwäche, und lehrt ihn die Nothwendigkeit einer
höhern Leitung. Gerade über diesen Gegenstand
muß der Mensch selbst zur sinnlichen Gewißheit kommen, und kann es auch. Jenes erhabne, unsichtbare Wesen wird seinem Verstande ganz eigentlich
gegenwärtig, und giebt dem Menschen die kräftigsten Mittel, sich gegen Täuschungen zu sichern. So
bald der Mensch anfängt, dieses Licht zu suchen,
diesem Wesen mit aufrichtigem Herzen treu zu folgen, so erlangt er Gewißheit, und erhält untrügliche
Beweise seines Glaubens.

Für heute habe ich Ihnen genug gesagt, mein
Bruder! überdenken Sie die grossen Wahrheiten, die
ich Ihnen erklärte, und in der morgigen Nacht wollen wir uns wieder sprechen. Der Himmel segne
Sie mit Stärke, damit Sie den Weg des Gerechten wandeln mögen!

Eilfte

Eilfte Nacht.

Das menschliche Geschlecht, mein Bruder! befindet sich, wenn man es in seinem natürlichen und von aller höhern Hilfe entblößten Zustande betrachtet, in einem Stande des Verfalls und der Zerrüttung. Dieses lehrt uns die Bibel, dieses lehren uns die Vernunft, die Geschichte, die Erfahrung.

Die Offenbarung lehrt uns, daß wir nur durch sie aus diesem bösen Zustande in einen guten gebracht werden können. Die Sittenlehre des Glaubens behandelt daher den Menschen wie einen Kranken, giebt ihm Mittel an die Hand, die Quellen seiner Krankheiten zu entdecken, und davon zu genesen, und giebt ihm die Nothwendigkeit zu erkennen, daß er den sittlich bösen Zustand des Menschen einsehe.

Der sittlich böse Zustand hat in der Schrift verschiedene Benennungen; die vornehmsten sind folgende: Sünde, Ungerechtigkeit, Untugend, Hebr. 8, 12. Sünde thun, sündigen, 1. Joh. 3, 4. 6. 8. 9. Joh. 8, 34. die Sünde herrschen lassen, Röm. 6, 12. 14. der Sünde gehorchen, V. 12. seine Glieder zu Waffen der Ungerechtigkeit begeben,
V. 13,

B. 13. ein Knecht der Sünde seyn, V. 17. Fin=
sterniß, Unwissenheit, Eph. 5, 8. Werke der Fin=
sterniß, Röm. 13, 12. unfruchtbare, schädliche
Werke der Finsterniß, Eph. 5, 11. Fleisch und im
Fleische leben, Röm. 8, 12. 13. Gal. 5, 17.
Werke des Fleisches, V. 19. auf das Fleisch säen,
Kap. 16, 8. todte Werke, Hebr. 6, 1. Werke des
Teufels, 1 Joh. 3, 8. ein Uebelthäter seyn, Matth.
7, 23. unrecht thun, Matth. 13, 41. der alte
Mensch, im Gegensatze des neuen, Eph. 4, 22.
24. Col. 3. 9. 10.

Dieser sittlich böse Zustand ist aber ein Inbe=
griff fehlerhafter, und mit den Vorschriften und dem
Beyspiele Christi streitender Beschaffenheiten, welche
der Mensch entweder durch die Geburt bekömmt,
oder durch freye Entschließung annimmt. Jenes ist
natürliches, oder angebornes Verderben, dieses ist
erworbenes, und nach der kirchlichen Benennung ist
jenes Erb= und das wirkliche Sünde. Das Mittel
gegen den sittlich bösen Zustand des Menschen ist
die Neigung zum Bösen in ihrer Geburt zu ersticken;
von Kindheit auf Neigung, Lust, Fähigkeit zum Gu=
ten zu erwecken, zu unterhalten, und unaufhörlich
auszuüben. Der Mensch soll von Jugend auf nicht
allein durch Lehre, sondern auch durch Beyspiele

wohl

wohl unterrichtet, vor allem Bösen bewahret, und
zu allem Guten geführt werden.

So würde die Neigung zum Bösen, wenn sie
von außen keine Nahrung bekömmt, und gleichsam
keinen Boden hat, wo sie aufkommen kann, weit
schwächer; die Neigung zum Guten aber, weil sie
nicht durch die entgegengesetzte Neigung gehindert
wird, geschwinder hervorwachsen, und tiefer einwur-
zeln, und also der Mensch nach und nach durch be-
ständige Uebung im Guten, und durch Gottes Kraft
schon hier zu einem hohen Grade der sittlichen Vollkommenheit gelangen: allein, allgemein werden in
der Welt diese Grundsätze unbefolgt gelassen, und zu
dem natürlichen Verderben kömmt auch das erworbene hinzu, als:

1. Schlechte Erziehung, da der Mensch das
Böse sieht und lernt, oder wenigstens nicht sorgfältig genug vor demselben bewahret und zum Guten
gebildet wird. Wenn wir alle vom Anfange unsers
Lebens an lauter gute Menschen um uns hätten,
nichts, als Gutes hörten und recht sorgfältig zum
Guten angeführt würden; wie weit besser würden
wir seyn

2. Die

2. Die großen Mängel des Unterrichts, theils des besondern in der Jugend, theils des öffentlichen und allgemeinen, der größtentheils viel zu wenig deutlich, zweckmäßig, praktisch und eifrig ist. Es ist erschrecklich, die Lehrmethode ist eine der vornehmsten Ursachen der unter allen Ständen gemeinen sehr großen Unwissenheit und Lasterhaftigkeit!

3. Die Mängel der gottesdienstlichen Versammlungen und Religionshandlungen unter den Christen.

4. Die Menge böser Menschen und Beyspiele, die mit einer besondern Kraft zur Nachahmung reizen, den Trieb zum Bösen rege, das Laster geringe, oder gar ehrwürdig, und vieles Böse erst bekannt machen. Tausend und wieder tausend zum Theile gute und rechtschaffene Menschen würden vieles Böse auch nicht einmal haben kennen lernen, wenn sie es nicht an andern gesehen und von ihnen gehört hätten!

5. Die besondern bürgerlichen Verbindungen mit Lasterhaften.

6. Schlechte Gesellschaften; nicht solche, in welchen Böses, sondern auch, in welchen nichts Gutes geredet oder gethan wird.

R   7. Schrif=

7. Schriften, nicht allein solche, welche Religion, Tugend und gute Sitten beleidigen, sondern auch nichts moralisch Gutes enthalten und befördern; denn diese sind für Verstand und Herz gleich schädlich.

8. Irrige Grundsätze.

9. Vorurtheile in Ansehung der wichtigsten und heiligsten Religionslehren und Handlungen.

10. Die zufälligen Umstände des Menschen.

11. Körperlicher Zustand.

Aus diesen Quellen entspringt der sittlich böse Zustand des Menschen, zwar nicht auf einmal, sondern nach und nach, doch unendlich schneller als der sittlich gute Zustand; wiewohl auch bey einem geschwinder als bey dem andern, je nachdem sich mehr oder weniger innere und äußere Veranlassungen dazu finden. Zuerst macht sich der Mensch einzelner Thätigkeiten schuldig, die mit den Vorschriften und dem Muster des Vorbilds unserer Religion streiten. Und eine Thätigkeit (Urtheil, Neigung, Begierde, Empfindung, Handlung) eines vernünftigen und freyen Geschöpfs, die von irgend einem Gesetze der Vernunft

nunft und der Offenbarung, und insonderheit von
Chriſtus Vorſchriften und Muſter abweiht, heißt
Sünde.

Einzelne dergleichen Thätigkeiten ſind bey dem
gegenwärtigen Zuſtande des menſchlichen Geſchlechts
allen und jeden gemein, den Guten ſowohl als den
Böſen, den Gebeſſerten ſowohl, als den Ungebeſſer-
ten. Bey jenen werden ſie Schwachheitsſünden,
und bey dieſen Bosheitsſünden genennt.

Schwachheitsſünden ſind fehlerhafte und mit
den Vorſchriften und Muſter Chriſti nicht überein-
ſtimmende Thätigkeiten eines gebeſſerten Menſchen,
die aus natürlichem Unvermögen, ohne völlige Einwilligung und Beyſtimmung entſtehen, und von Wi-
derwillen und Beſſerung begleitet ſind; Bosheitsſünden aber dergleichen Thätigkeiten eines ungebeſ-
ſerten Menſchen, die entweder mit Vorſatze und Be-
wußtſeyn ausgeübt werden, oder aus einer Fertigkeit im Böſen entſtehen, und darauf nicht Widerwil-
le, wenigſtens nicht Beſſerung folgt. Beide unterſcheiden ſich alſo durch Urſprung und Folgen.

Auch Schwachheitsſünden werden ſich bey den
Frommen mehr oder weniger finden, je nachdem ſie
mehr oder weniger gebeſſert ſind. Auch ſie ſind wirk-

R 2   liche

liche und strafwürdige, nicht selten gefährliche, aber
allzeit in Zeit und Ewigkeit schädliche Sünden. Sie
müssen daher aufs sorgfältigste vermieden, und von
Tage zu Tage vermindert werden.

Aus der Wiederholung einer bösen Thätigkeit
entstehen böse Beschaffenheiten, oder eine herrschende
Gewohnheit und Fertigkeit im Bösen. Erst setzen
sich im Gemüthe des Menschen einzelne böse Urtheile, Neigungen, Begierden und Empfindungen
fest: aus diesen entspringen böse Worte und Werke.

Das Laster ist eine Fertigkeit in einer mit den
Vorschriften und Muster Christi streitenden Thätigkeit. Sünde und Laster sind daher weit von einander unterschieden. Jede einzelne herrschende Neigung zu einer Sünde ist Laster, und macht einen
Menschen zu einem Lasterhaften. Auch ein im übrigen gebesserter Mensch kann ein oder mehrere Laster
an sich haben.

Aus der Ausübung mehrerer Laster entspringt
ein lasterhafter Zustand (Stand der Sünde) welcher ein Inbegriff moralisch böser Thätigkeiten, Fertigkeiten und Beschaffenheiten ist, wo das Böse
herrschet und das Gute überwiegt, ja gar kein ei-

gentlich moralisches Gute, keine Erkenntniß, keine Luft und Kraft zu demselben angetroffen wird.

Durch dieses Verderben werden alle Kräfte des Geistes und des Leibes zwar nicht zerstört, aber doch zerrüttet:

1) Der Verstand; in welchem sich Unvermögen, die wichtigsten und nöthigsten Dinge zu erkennen, Unwissenheit, Vorurtheile, Hang zur Verwerfung der heilsamsten Wahrheiten, oder Zweifelsucht und Irrthümer in den wichtigsten Sachen finden.

2) Die Vernunft; denn nicht sie, sondern gewaltsame Leidenschaften führen die Herrschaft in dem Menschen.

3) Die Begierden; welchen es an gehöriger Richtung, an Uebereinstimmung und Ordnung, und an Mäßigkeit fehlt.

4) Die Freyheit; die hat er zwar noch, aber nicht die eblere Art, die der Mensch ohne Sünde hätte, und zu welcher itzt der Christ zurückgeführt werden kann und soll, die Freyheit zwischen Gutem und Bösem im Uebergewichte des erstern,

ſtern, ſondern eine uneblere Art, die Freyheit zwiſchen Gutem und Böſem im Uebergewichte des letztern.

5) Das Empfindungsvermögen; indem die
unſchuldigen Empfindungen ausarten; die böſen aber
weit ſtärker und angenehmer ſind, als die guten.

6) Die Vorſtellungskraft; der Menſch
bleibt bloß bey dem Sichtbaren ſtehen, und beurtheilt den Werth oder Unwerth der Dinge bloß nach
dem Auge, dem Ohre und dem Gefühle; daher die
unvernünftige Sinnlichkeit, eine der vornehmſten
Quellen unzähliger Sünden!

7) Die Einbildungskraft; durch das Ueber-
gewicht derſelben über Verſtand und Willen.

8) Das Gedächtniß; tauſendmal leichter faſ-
ſet und behält der Menſch das Böſe als das Gute.

9) Selbſt die Kräfte des Leibes; denn er iſt
nicht nur ſchwächlich, ſondern auch voll unordentlicher Triebe, wodurch die Seele nicht nur in ihren
Geſchäften gehindert, ſondern auch noch auf mannig-
faltige Weiſe zum Böſen gereizt, und in den
Schlamm unvernünftiger Sinnlichkeit verſenkt wird.

Durch

Durch jede Wiederholung des Böfen wächst
die Fertigkeit in demfelben je länger je mehr. Die
Befferung hingegen wird defts fchwerer, und nach
und nach fubjektivifch unmöglich. In einem folchen
Zuftande aber ift ein Menfch, fchon vermöge der
Einrichtung feines Gemüths, unfähig zu einem glücklichen und feligen Leben.

Das fittliche Verderben ift zu allen Zeiten fehr
groß und gemein gewefen, und ift es noch, ganz
ohne die Schuld Gottes, des Erlöfers, und der
durch ihn erworbenen Kräfte und verliehenen Beffe-
rungsmittel; (wenn die Welt diefe Mittel recht brauchen wollte, zu was für einem hohen Grade von
Befferung und Geiftesvollkommenheit würde fie gelangen!) fondern lediglich durch die unverantwortliche
Schuld des Menfchen. Nach der Belehrung Jefu
ift es etwa der vierte Theil der Chriften, die fich
durch ihn von ihrem Verderben ganz heilen, und
in einem vorzüglichen Grade beffern laffen.

Indeß ift es bey einigen größer, als bey
andern, wie man aus eben diefer Belehrung Jefu
fieht, die zwar ihre eigentliche Beziehung auf die
damalige Welt hatte, gewiffermaffen aber allen Zeiten angemeffen ift.

Einige

Einige ſind ganz laſterhaft, und verwerfen die Religion entweder ganz und gar, oder übertreten die Vorſchriften derſelben ungeſcheut und vorſetzlich. Jene heißen Verächter der Religion; dieſe ſichere Sünder. Bey ſolchen bringt alſo die Religion gar keinen Nutzen.

Die laſterhafte Sicherheit beſteht darinn, wenn man das Laſter ungeſcheut und ohne Vorſatz der Beſſerung ausübt. Unwiſſenheit, Leichtſinn, Vorurtheile, Zerſtreuungen, lange Uebungen im Böſen, ſind die vornehmſten Urſachen derſelben.

Bey andern bringt die Religion einigen aber nicht beſtändigen Nutzen; und das ſind diejenigen, die ſich nicht ganz für Irrthum und Laſter, aber auch nicht ganz für Wahrheit und Tugend entſcheiden, ſondern zwiſchen Irrthum und Wahrheit, zwiſchen Laſter und Tugend ſchwanken, bald gut, bald böſe, bald chriſtlich, bald nichtchriſtlich denken und leben, bald Sünde bereuen und bald wieder Sünde thun, bald die Erinnerungen ihres Gewiſſens unterdrücken, bald aber auch, jedoch nur auf kurze Zeit und aus Furcht, denſelben folgen, heute z. B. am Kommuniontage unterlaſſen, was ſie zu anderer Zeit thun, und heute thun, was ſie ſonſt unterlaſſen. Dieſe ſind eben ſowohl als jene Laſterhafte, und,

wenn

wenn ſie ſo lange bleiben, für die chriſtliche Tugend
und für die wahre Glückſeligkeit gleichſam verlorn.
Es iſt keine Feſtigkeit in ihrem Karakter, keine
Gleichförmigkeit in ihren Grundſätzen. Ihre Anzahl
iſt weit größer als die Anzahl jener.

Noch andere ſind nicht ganz böſe, aber auch
nicht ganz gut, oder wenigſtens nicht ſo gut, das
iſt, nicht ſo reich an Weisheit, an chriſtlicher Rechtſchaffenheit und Tugend, an Zufriedenheit und Seligkeit, als ſie nach den Fähigkeiten und Kräften,
und nach den Vorzügen, womit ſie als Chriſten vor
vielen Menſchen und Völkern begnadet ſind, ſeyn
könnten und ſollten. Sie ſind zwar von vielen,
aber nicht von allen Laſtern, von äußerlich und bür-
gerlich ſtrafbaren Handlungen, aber nicht von niedrigen und irdiſchen Geſinnungen, und von unordentlichen und böſen Leidenſchaften frey. Sie üben
einige, vielleicht viele, aber nicht alle Tugenden,
die ſie zu üben Kräfte und Gelegenheit haben könnten, oder ſie üben ſie nicht mit rechter chriſtlicher
Lauterkeit. Sie bleiben daher von dem Ziele der
Vollkommenheit immer gleichweit entfernt, oder nähern ſich demſelben nur mit langſamen Schritten.
Auch dieſes ſind Laſterhafte, und derer Anzahl iſt
bey weitem die größte; bey dieſen bringt die Religion einigen, aber nicht genugſamen Nutzen. Zer-
ſtreu-

ſtreuungen, Geſchäfte, Sorgen und Wollüſte dieſes
Lebens, Vorurtheile, Leichtſinn und Trägheit hindern
und erſticken die Kraft der Religion in ihren Gemüthern.

Noch eine Art von Laſterhaften zeichnet Jeſus
unter dem Namen der Heuchler aus. Und das
ſind diejenigen, bey welchen die Laſterhaftigkeit unter dem Scheine der Tugend verborgen iſt, und
zwar entweder vorſätzlich oder unvorſätzlich.

Vorſätzliche Heuchler ſind diejenigen, die es
wiſſen, daß ſie böſe ſind, aber gut zu ſcheinen ſuchen.

Sie zeichnen ſich vorzüglich dadurch aus, daß
ſie viel von Pflicht und Religion reden, aber von
dem allem nichts thun. Was ſie thun, thun ſie
aus Eitelkeit, Ruhmſucht, und mit einem gewiſſen
Gepränge. Sie eifern für Religion und Tugend;
und unter dem Scheine derſelben verbergen ſie die
größten Schandthaten. In Kleinigkeiten und in der
Beobachtung äußerlicher Religionsgebräuche ſind ſie
emſig, und in den wichtigſten und nothwendigſten
Dingen gewiſſenlos. Dem Aeußerlichen nach ſind ſie
von den Laſtern der Welt abgeſondert, ſind ſie vor-
zügliche Heilige; inwendig aber voll niederträchtiger
Abſichten und ſchändlicher Geſinnungen. Von allen

Men-

Menschen urtheilen sie lieblos und strenge; von sich selbst aber aufs beste.

Diese Menschen sind unter allen auf Erden die bösesten, für die menschliche Gesellschaft, für die Religion und Tugend die gefährlichsten und nachtheiligsten, und daher auch die allerstrafwürdigsten.

Unvorsetzliche Heuchler sind diejenigen, die sich einbilden fromm zu seyn, aber nichts weniger als fromm sind. Auch sie haben einen großen Schein der Frömmigkeit. Aber ihre Frömmigkeit ist entweder bloß eine äußerliche in dem Bekenntniße der Religion und in der Beobachtung ihrer Gebräuche und Anordnungen, und bringt gar nicht auf den Grund des Herzens; oder sie ist unbeständig und unvollkommen. Bey dem allen sind sie mit ihrer Frömmigkeit außerordentlich zufrieden.

Diese sind zwar nicht so schädlich als jene. Allein ihre Anzahl ist weit größer, und ihr Zustand gefährlicher, weil niemand schwerer zu bessern ist als sie.

Hiebey ist unnöthig, daß wir zwar, damit wir uns durch die Heuchley anderer nicht hintergehen lassen, vorsichtig, doch auch bescheiden, in der

Beur=

Bzurtheilung unsrer selbst aber desto strenger sind,
und uns, damit wir die Heuchelen entweder an uns
erkennen, oder uns davon bewahren, nach dem Kennzeichen der wahren Frömmigkeit unpartheyisch prüfen, nämlich, ob unsere Frömmigkeit theils vollständig, theils rein und rechtschaffen genug ist, ob uns
dabey Demuth leitet, und besonders herzliche Menschenliebe beseelt.

Das Gute, was dergleichen Lasterhafte an sich
zeigen, heißt Scheintugend, weil es äußerlich mit
der Tugend eine große Aehnlichkeit hat, und mit
derselben verwechselt wird, jedoch aber demselben
theils an Vollständigkeit, theils an Redlichkeit und
Güte fehlt, indem es entweder aus unlautern und
strafbaren, oder aus unzulänglichen Absichten, oder
gar ohne Absichten ausgeübt wird.

Die einzelnen Laster sind zwar unzählig, und
es können derselben durch zufällige Ursachen und
durch Mißbrauch der Freyheit immer mehrere werden. Sie haben aber alle ihren Grund in einem
ungebesserten Verstande und Herzen; und sind zwar
alle Versündigungen wider Gott, und wider Chri-
stum, jedoch betreffen sie unmittelbar und zunächst
entweder Gott, oder uns selbst, oder andre.

Ich

Ich habe Ihnen hier, mein lieber Bruder! das
sittliche Verderben im Kurzen geschildert, aus welchem Sie die Stufe seiner Herabwürdigung sehen
können.

Dem Menschen, der sich zur Weisheit und zum
Lichte schwingen will, bleibt daher kein anders Mittel
übrig, als daß er an dem großen Werke seiner Re-
generation arbeite, wozu er die kräftigsten Mittel in
der Offenbarung findet; denn diese enthüllet ihm die
wirkendsten Kräfte, die er in seinem verlassenen Zustande allerdings nothwendig hat, theils um sich gegen die bösen Einflüsse, die ihn umgeben, zu bewahren, und nicht immer tiefer zu sinken, theils um
durch ihre sinnliche Beyhilfe in Stand gesetzt zu
werden, den Willen des Höchsten zu vollziehen.

Wenn der Mensch durch die Wiedergeburt seines Geistes ein neues Leben erreicht, und sich das
Innere seiner Seele verändert, dann nähert er sich
der Salbung der Heiligung; er sieht durch die Augen des Geistes, und fühlt durch die Annäherung
zur Gottheit. Dann öffnen sich ihm die Bücher der
Weisheit, von welchen geschrieben steht: Exactis
quadraginta diebus locutus est altissimus dicens:
Priora, quae scripsisti, in palam pone, legant digni
et indigni; novissimos autem septuaginta libros

con-

conservabis, ut tradas eos Sapientibus de populo,
quorum corda scis posse capere et servare secre-
ta haec; in his enim est vena intellectus, sapien-
tiae fons, et scientiae flumen.

Durch die Weisheit, die sich ihm mittheilt,
lernt er die Bande kennen, die das Intellectuelle
mit dem Körperlichen vereinen; es öfnet sich ihm
die Kenntniß der ganzen Natur, und er sieht Dinge, die die Weisheit des Menschen nicht erreichen
kann.

Ich habe Sie nun, mein Bruder! in den ersten Grundsätzen und Lehren der Weisheit unterrichtet; reichen Sie mir nur ferner aufmerksam ihr Ohr
als ein Freund der Tugend und der Freundschaft,
und ihre Seele öfne sich zu den männlichen Geboten der Wahrheit; ich will Sie auch den Weg kennen lehren, der zu dem glücklichsten Leben führet.
Sie sollen lernen dem Urheber aller Dinge zu gefallen; mit That und Kraft, die Art alle Mittel
anzuwenden, die die Vorsicht dem guten Menschen
anvertraute, um sein und anderer Glück zu befördern.

Ihr Herz, mein Bruder! sey das erste Opfer
der Gottheit; beten Sie täglich mit tiefester Demuth

muth die Majeſtät dieſes Weſens an, das das Ganze erſchuf und erhält; das unſer Herz ganz erfüllt, und das doch unſer Geiſt weder begreifen,
noch beſtimmen kann. Bedauern Sie, mein Bruder! die elende Thorheit derjenigen, die ihre Augen
feſt zuſchließen, damit das Licht der Weisheit nie
in ihre Seele dringe; bedauern Sie die, die den
Werth der Tugend, der Offenbarung und der Religion nicht kennen; daß ihr Herz, mein Bruder!
immer dankbar und gerührt bey den väterlichen Gut-
thaten der Gottheit ſey; daß Sie die Herabwürdigung des Geiſtes des Menſchen durch die Sünde
immer erkennen, und ſich der Leitung des Ewigen
überlaſſen. Glauben Sie, mein Bruder! daß Sie
nur glücklich ſeyn werden, wenn Sie ſich der Urquelle des Lichts nähern, die Gott iſt. Erheben
Sie oft ihre Seele über die materiellen Gegenſtände,
die Sie umgeben, und blicken Sie den Himmel
an, der ihre Erbſchaft, ihr Antheil und ihr Vaterland iſt.

Opfern Sie dem Gott der Liebe ihren Willen
und ihre Begierde auf; machen Sie ſich würdig
ſeines belebenden Einfluſſes; erfüllen Sie die Geſetze als Menſch, die er Ihnen auferlegte; nur
Gott zu gefallen kann ihr Glück ſeyn; Vereinigung

mit ihm ist unsere Bestimmung, und muß die Richtung all unserer Handluugeu seyn.

Aber wie, mein Bruder! dürften wir unsere
Blicke zu dem Wesen aller Wesen erheben; wir,
Geschöpfe von Staub! Sklaven der Sinnlichkeit!
die jede Minute seine heiligen Ordnungen übertreten;
wenn nicht seine Allgüte, seine väterliche Sorgfalt
uns einen Erlöser gegeben hätte. Der Gerechtigkeit eines Gottes überlassen, wo würden Sie Zuflucht suchen können, als in den Armen desjenigen,
der für alle Menschen blutete. Beugen Sie sich
tief im Staube vor dem Worte, das Fleisch geworden
ist, und segnen Sie die Vorsicht, die Ihnen das
Glück gab, im Schoose des Christenthums gebohren
zu seyn. Lassen Sie das Evangelium die Basis
aller ihrer Handlungen seyn; ihr Leben sey thätig
und mild, ohne Gleißnerey, ohne Fanatism; das
Christenthum bleibt nicht allein bey der Spekulation
der grossen Wahrheiten, sie bringt sie auch in Ausübung, und so werden Sie glücklich seyn; ihre
Zeitgenossen werden Sie segnen, und sie werden
einst ohne Furcht vor dem Throne des Ewigen erscheinen.

Zum Muster ihrer Lebenshandlungen stellen
Sie sich das Bild unsers Erlösers vor; sein Leben
ist

ist das Beyspiel der Liebe und der Heiligkeit, und
der Grund der heiligen Religion. Bedauern Sie
den Irrthum, ohne die Menschen zu hassen, die im
Irrthume sind, und überlassen Sie Gott die Sorge
darüber zu richten. Ihre Sorge sey zu lieben, zu
dulden. Denken Sie, daß Sie als Mensch bestimmt sind unter den Geschöpfen der König der
Schöpfung zu seyn, und vergessen Sie nie Ihre
große Würde. Alles, was Sie umgiebt, und hienieden umschwebt, ist sterblich, und der Verwesung
unterworfen; nur ihre unsterbliche Seele, das Kind
der Gottheit überlebt, und wird nie zu Grunde
gehen. Werfen Sie sich in Staub, und beten
Sie mit Ehrfurcht den Ewigen an; jedes Gebeth ist
Annäherung, Aktion, die wieder Gegen-Aktion hervorbringt, und bemühen Sie sich immer mehr, sich
den Fesseln der Sinnlichkeit zu entreißen, um sich
dem Intellektuellen zu nähern. Lieben Sie nach
dem Vorbilde des Erlösers alle Menschen, und handeln Sie nach seinen Vorschriften; seyn Sie Freund,
Bürger, Unterthan, verehren Sie die Gesetze und
die Fürsten, und denken Sie, daß die Fürsten das
Vorbild der Gottheit hienieden sind. Ihnen steht es
nie zu sie zu tadeln, oder sie zur Rechenschaft ihrer
Handlungen aufzufodern; ihre Pflicht, mein Bruder! sey zu gehorchen. Wenn Sie je diese heilige

Pflicht

Pflicht übertreten würden, so müßten Sie bey dem
Namen Vaterland, und bey dem Namen des Fürsten erzittern; jeder redliche Mann würde Sie von
seinem Busen zurückstoßen als einen Feind der öffentlichen Ordnung, denn nur Christus wußte die
Vaterlandsliebe mit Menschenliebe zu vereinen.

Seyn Sie tapfer als Krieger; gerecht als
Richter; sanft als Herr; treu als Diener; seyn
Sie ein zärtlicher Vater; ein guter Gatte; ein ge-
horsamer Sohn; ein liebender Unterthan und in allen Angelegenheiten des Lebens nehmen Sie Christuslehre zu ihrer Richtschnur.

Die Bearbeitung ihres Geistes sey ihr tägli-
ches Tagwerk; sich immer zu höherer Vollkommenheit zu schwingen, sey ihr Endzweck, und Sie werden sich jener Höhe nähern, die die Glückseligkeit
des ersten Menschen war — jener Höhe, zu der
uns die Offenbarung und die Religion ruft. Sie
werden sich zum würdigen Geschöpfe des Himmels
und der Gottheit bilden, und der Segen wird auf
ihrem Haupte ruhen; Sie werden den Namen eines
Weisen verdienen; Sie werden frey, glücklich und
selig seyn.

Nun

Nun habe ich Ihnen weiter nichts mehr zu
sagen; fangen Sie die praktischen Arbeiten der Verbesserung, der Aufschwingung ihrer Seele an, und
die Gottheit, die Weisheit und Güte ist, wird Sie
weiter führen. Genug für mich, wenn ich Ihnen
den Weg zur Weisheit zeigte, wenn ich Ihnen den
Schlüssel zu den größten Geheimnissen gab. Die
Pforte, die für Sie noch geschlossen ist, müssen Sie
selbst öfnen; verzagen Sie nicht, an der Hand der
Religion, treu den Grundsätzen der Christuslehre und
der Kirche erreichen Sie den Endzweck ihrer Hof-
nungen. Einfalt, Zutrauen und Unterwerfung sind
die Eigenschaften, die die Weisheit von Ihnen fodert; handeln Sie immer nach den Grundsätzen des
Christenthums, und forschen Sie über Dinge, die
Sie anfangs nicht begreifen können, nicht neugie-
rig nach. Der große Fenelon sey ihr Muster, der
öffentlich seine Meinungen den höhern Einsichten unterwarf. Der herrlichste Beweis seines
edeln Herzens, der Weisheit mit Aufrichtigkeit und
Demuth, und nicht mit Stolz suchte. Vergessen Sie
nie,

nie, was ich Ihnen gleich Anfangs gesagt habe:
Der Mensch kann nicht zum Wissen gelangen, der
nicht glaubt. Leben Sie wohl, und der Him=
mel segne Sie auf ihren Wegen!

www.ingramcontent.com/pod-product-compliance
Lightning Source LLC
Chambersburg PA
CBHW021514210326
41599CB00012B/1255